环保公益性行业科研专项经费项目系列丛书

含汞废物处置与环境风险管理

姜晓明 陈 扬 刘俐媛 主 编

U0351948

上海科学技术出版社

内 容 提 要

本书作者根据我国废汞触媒、含汞废渣、废含汞试剂和废荧光灯等四种典型含汞废物特点及处置过程污染控制实际需求,分析了国内外相关领域的管理和技术,介绍了典型含汞废物处置污染特征与环境风险管理的关键影响因素和风险识别、评估和风险管理技术体系,为消除特定领域汞污染问题提供了技术条件和管理依据。

全书共5章,内容包括:绪论,概述了含汞废物的来源与特性、国内外含汞废物处置领域的管理和技术;含汞废物处置技术与评估;含汞废物处置过程的污染特征和汞的迁移转化;含汞废物处置过程的风险识别和评估;含汞废物处置过程的环境风险管理。

本书适用于重金属污染防治研究人员、各级相关部门的管理人员,也适用于从事含汞废物处置领域的科研人员、生产人员及管理人员,同时也可作为生产一线人员的培训教材及教学参考。

图书在版编目(CIP)数据

含汞废物处置与环境风险管理 / 姜晓明,陈扬,刘俐媛主编.
—上海:上海科学技术出版社,2018.7
(环保公益性行业科研专项经费项目系列丛书)
ISBN 978-7-5478-4026-9

Ⅰ.①含… Ⅱ.①姜…②陈…③刘… Ⅲ.①汞-废物处理-研究②汞污染-环境管理-风险管理-研究 Ⅳ.①X7②X5

中国版本图书馆 CIP 数据核字(2018)第 109518 号

含汞废物处置与环境风险管理

姜晓明 陈 扬 刘俐媛 主 编

上海世纪出版(集团)有限公司
上海科学技术出版社 出版、发行
(上海钦州南路 71 号 邮政编码 200235 www.sstp.cn)

上海盛通时代印刷有限公司印刷

开本 787×1092 1/16 印张 12
字数:150 千字
2018 年 7 月第 1 版 2018 年 7 月第 1 次印刷
ISBN 978-7-5478-4026-9/X·46
定价:69.00 元

"环保公益性行业科研专项经费项目系列丛书"编委会

本书编委会

主　　编　姜晓明　陈扬　刘俐媛

编委会成员　（按姓氏汉语拼音排序）

陈　刚　陈　谦　陈朝中　陈玉福

程天金　范书凯　冯钦忠　付　鑫

郭春霞　韩　絮　侯海盟　姜媛媛

金　晶　孔德勇　李　莉　李　悦

李　震　李宝磊　李鹏辉　李述贤

刘　舒　明　扬　祁国恕　冉梅雪

史俊鹏　王　芳　王俊峰　王祖光

魏石豪　张广鑫　张洪武　张向前

张正洁　赵志龙　邹晓燕

序

Preface ▶▶▶▶▶▶▶

目前,全球性和区域性环境问题不断加剧,已经成为限制各国经济社会发展的主要因素,解决环境问题的需求十分迫切。环境问题也是我国经济社会发展面临的困难之一,特别是在我国快速工业化、城镇化进程中,这个问题变得更加突出。党中央、国务院高度重视环境保护工作,积极推动我国生态文明建设进程。党的十八大以来,按照"五位一体"总体布局、"四个全面"战略布局以及"五大发展"理念,党中央、国务院把生态文明建设和环境保护摆在更加重要的战略地位,先后出台了《中华人民共和国环境保护法》《关于加快推进生态文明建设的意见》《生态文明体制改革总体方案》《大气污染防治行动计划》《水污染防治行动计划》《土壤污染防治行动计划》等一批法律法规和政策文件,我国环境治理力度前所未有,环境保护工作和生态文明建设的进程明显加快,环境质量有所改善。

在党中央、国务院的坚强领导下,环境问题全社会共治的局面正在逐步形成,环境管理正在走向系统化、科学化、法治化、精细化和信息化。科技是解决环境问题的利器,科技创新和科技进步是提升环境管理系统化、科学化、法治化、精细化和信息化的基础,必须加快建立持续改善环境质量的科技支撑体系,加快建立科学有效防控人群健康和环境风险的科技基础体系,建立开拓进取、充满活力的环保科技创新体系。

"十一五"以来,中央财政加大对环保科技的投入,先后启动实施水体污染控制与治理科技重大专项、清洁空气研究计划、蓝天科技工程专项等专项,同时设立了环保公益性行业科研专项。根据财政部、科技部的总体部署,环保公益性行业科研专项紧密围绕《国家中长期科学和技术发展规划纲要(2006—2020 年)》《国家创新驱动发展战略纲要》《国家科技创新规划》和《国家环境保护科技发展规划》,立足环境管理中的科技需求,积极开展应急性、培育性、基础性科学研究。"十一五"以来,环境保护部*组织实施了公益性行业科研专项项目 479 项,涉及大气、水、生态、土壤、固废、化学品、核与辐射等领域,共有中央级科研院所、高等院校、地方环保科研单位和企业等几百家单位参与,逐步形成了优势互补、团结协作、良性竞争、共同发展的环保科技"统一战线"。目前,专项取得了重要研究成果,已验收的项目中,共提交各类标准、技术规范 1 362 项,各类政策建议与咨询报告 687 项,授权专利 720 项,出版专著 492 余部,专项研究成果在各级环保部门中得到较好的应用,为解决我国环境问题和提升环境管理水平提供了重要的科技支撑。

为广泛共享环保公益性行业科研专项项目研究成果,及时总结项目组织管理经验,环境保护部科技标准司组织出版"环保公益性行业科研专项经费项目系列丛书"。该丛书汇集了一批专项研究的代表性成果,具有较强的学术性和实用性,可以说是环境领域不可多得的资料文献。丛书的组织出版,在科技管理上也是一次很好的尝试。我们希望通过这一尝试,能够进一步活跃环保科技的学术氛围,促进科技成果的转化与应用,不断提高环境治理能力现代化水平,为持续改善我国环境质量提供强有力的科技支撑。

黄润秋

中华人民共和国环境保护部副部长

---

*　2018 年 3 月 22 日起,中华人民共和国环境保护部更名为中华人民共和国生态环境部。

前 言

Foreword

　　我国是汞的生产、使用和排放大国,汞生产量和使用量占全球生产量和使用量的60%左右,汞的生产和使用造成大量含汞废物的产生及排放。汞及其化合物因具有生物毒性、生物累积性、持久性、长距离传输性等特征,已成为我国乃至全球的优先控制污染物。2016年4月,第十二届全国人民代表大会常务委员会第二十次会议决定:批准2013年10月10日由中华人民共和国政府代表在日本熊本签署的《关于汞的水俣公约》。自此,汞污染控制问题不仅成为国内环境污染控制的工作重点,也将受到国际的约束而承担相应的履约责任。

　　含汞废物已被列为《国家危险废物名录》中HW29类危险废物,涉及基础化学原料制造、贵金属矿采选、天然原油和天然气开采、合成材料制造、电池制造、照明器具制造等行业。基于汞污染的国际影响,我国针对汞公约所涉及的含汞废物背景调查和基础研究、行业污染防治技术评估、政策标准体系建设以及相关工程实例工作正在全面展开。而如何基于我国国情,结合履行汞公约的责任要求,开展含汞废物污染特征及污染风险管理技术研究就显得尤为重要。重点关注的含汞废物主要体现在以下几个方面:一是量大面广,二是污染重,三是处置过程防范措施不易等。由于含汞废物种类繁多,涉及多个相关行业,成分复杂、污染特征明显,而且污染严重,环境风险巨大,如不采取切实可行的风险管理技术,含汞废物的环境风险和环境隐患将逐步凸显。

　　本书根据我国废汞触媒、含汞废渣、废含汞试剂和废荧光灯等四种典型含汞废物特点及处置过程污染控制实际需求,分析了国内外相关领域的管理和技术,介绍了典型含汞废物处置污染特征与环境风险管理的关键影响因素和风险识别、评估和风险管理技术体系,为消除特定领域汞污染问题提供了技术条件和管理依据。

本书编写分工如下:第 1 章、第 2 章由陈刚、程天金、陈朝中、陈谦、陈玉福、李宝磊、李述贤、李震、刘舒、明扬、祁国恕、魏石豪编写;第 3 章由冯钦忠、李悦、李莉、李鹏辉、刘俐媛、邹晓燕编写;第 4 章由韩絮、侯海盟、金晶、孔德勇、范书凯、史俊鹏、王芳、王俊峰、王祖光编写;第 5 章由陈扬、姜晓明、郭春霞、张广鑫、张向前、张正洁、张洪武、赵志龙、付鑫、冉梅雪、姜媛媛编写。感谢为本书的撰写和出版进行了卓有成效工作和不懈努力的所有人员,正因为他们的辛勤工作,才使此书得以问世。

本书的编写得到了环保公益性行业科研专项"含汞废物处置过程污染特征及污染风险控制技术研究"(201509054)项目组的积极支持,得到了中国科学院北京综合研究中心同事的大力支持,得到了中国科学院北京综合研究中心协作单位包括生态环境部环境保护对外合作中心、北京矿冶科技集团有限公司、沈阳环境科学研究院、中国科学院城市环境研究所等单位的协助与支持,以及生态环境部固废管理中心、河南省固体废物管理中心、中国环境科学研究院、中国环境科学学会重金属专业委员会、辽宁师范大学等有关单位专家的帮助,在此表示衷心的感谢!

由于编者业务水平的限制,本书难免有错误和不当之处,请读者不吝赐教,多提宝贵意见,以便我们在下一步工作中改进。

编　者

2018 年 5 月

目 录

▶▶▶▶▶▶▶▶▶▶

Contents

第 1 章

绪 论

本章主要介绍典型含汞废物的来源、产生量、处置企业分布及处置情况,明确我国典型含汞废物的危害性特征,为含汞废物的处理处置、处置过程的风险评估等提供参考依据。同时还分析了国外有关含汞废物的法律、法规,风险控制技术,具体工程实践,以及国内外典型含汞废物处置过程发展现状及环境风险分析,结合我国国情,本着经济、技术、环境可行性的原则,开展我国含汞废物处置过程污染特征及污染风险控制技术和管理体系研究,旨在为后续的相关工作提供基础支撑。

1.1 我国含汞废物的来源与特性

1.1.1 含汞废物的定义和种类

含汞废物是人们在生产活动中通过有意添加汞或无意汞排放过程而产生的含有汞及其化合物的固体废物。我国典型含汞废物主要来自原生汞采选冶、有色金属冶炼、燃煤电厂、燃煤工业锅炉、水泥生产、电石法聚氯乙烯生产、天然气生产、汞试剂生产等涉汞行业,主要包括废汞触媒、汞冶炼废物、铜铅锌冶炼渣及冶炼烟尘、燃煤飞灰、含汞粉尘、含汞活性炭及含汞污泥、废含汞试剂等,具体含汞废物种类和汞的存在形式见表 1-1。

表 1-1 我国主要含汞废物种类及构成

涉汞行业	主要含汞废物	汞的存在形式
原生汞采选冶	废石、汞尾矿渣、采选粉尘、含汞炉渣、废汞皂渣、含汞污泥和含汞飞灰等	Hg、HgS、HgO
电石法聚氯乙烯生产	废汞触媒、废汞活性炭、含汞废盐酸、含汞废碱、含汞污泥等	Hg、HgCl₂
电光源生产	废荧光灯管、废有机溶剂、含汞活性炭、含汞污泥及废荧光粉	Hg、HgS
电池制造	废电池、含汞活性炭、含汞污泥等	Hg、HgS
汞化学试剂生产	废汞化学试剂、含汞活性炭、含汞污泥、含汞粉尘等	Hg、HgS、HgCl₂、HgO、有机汞及其他汞化合物
基础化学原料制造	含汞盐泥、含汞活性炭、含汞污泥等	Hg、HgS
燃煤电厂/工业锅炉	燃煤飞灰、粉煤灰、脱硫石膏等	Hg、HgO、HgCl₂ 及颗粒汞
水泥生产	粉尘、窑灰、含汞污泥等	Hg、HgS、HgO 及颗粒汞
废物焚烧	焚烧飞灰、炉渣等	Hg、HgS
铜铅锌冶炼	冶炼渣、冶炼/焙烧粉尘、含汞污酸、含汞污泥、酸性浸出渣和窑渣等	Hg、HgS、HgCl₂
黄金冶炼	粉尘、含汞活性炭、污酸、废活性焦、含汞污泥等	Hg、HgS
钢铁冶炼	飞灰、铁冶炼渣、脱硫石膏、含汞活性炭、含汞污泥等	Hg、HgO、HgCl₂ 及颗粒汞
天然气生产	含汞油泥、含汞乙二醇、含汞催化剂、含汞丙三醇、含汞污泥等	Hg、HgS、HgCl₂、有机汞

考虑到国内外政策法规、规划以及公约的情况,本书主要介绍废汞触

媒、含汞冶炼废渣(尾矿渣、冶炼渣、废汞贡及有色冶炼酸泥)、废荧光灯、废含汞试剂等四类可作为重点管理的含汞废物。

1.1.2　含汞废物的来源

1.1.2.1　废汞触媒的来源

废汞触媒是在电石法生产聚氯乙烯行业中由氯化汞触媒在应用过程中由于汞升华和中毒等原因失活而废弃的含汞废物。我国废汞触媒的汞含量较高,相关资料研究表明,废汞触媒的汞含量为 3.69%～6.47%。

2013 年电石法生产聚氯乙烯(PVC)行业产量为 1 254 万 t,电石法生产聚氯乙烯行业汞用量占我国汞总用量的 60%。我国采用电石法生产的聚氯乙烯占聚氯乙烯总产量的 73%,每年使用的氯化汞触媒约 7 000 t(氯化汞约 770 t,汞约 570 t),占我国汞消费量的 50%以上,是我国乃至世界最大的耗汞行业。

我国电石法生产聚氯乙烯工艺通常分为电石生产、氯乙烯(VCM)单体合成和氯乙烯单体聚合三部分,而含汞废物主要是在氯乙烯单体合成过程中产生的。电石法氯乙烯单体合成过程含汞废物产生节点图如图 1 - 1 所示。

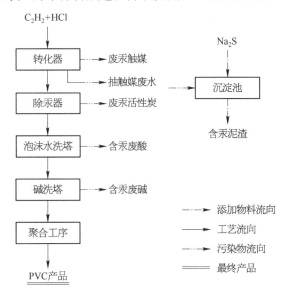

图 1 - 1　电石法氯乙烯单体合成过程含汞废物产生节点图

汞的使用主要集中在氯乙烯单体合成工序,有些企业有多套氯乙烯单体合成装置,该部分产生的含汞三废最多。在氯乙烯单体合成过程中产生含汞废物包括废汞触媒、含汞锯末及泥渣、废汞活性炭、废盐酸和废碱。其中废汞触媒和废活性炭一般送有资质机构进行回收处理;含汞锯末及泥渣、废汞活性炭有些送有资质机构处理,也有企业自行处理,如填埋、堆存等;含汞废酸的处置主要为盐酸脱吸、外售或交有资质机构处理。盐酸脱吸是利用氯化氢在水中的溶解度随温度的升高而降低的原理,将氯化氢气体解析出来,氯化氢或回用或制成盐酸出售,废水回用。目前采用盐酸脱吸技术的企业较少。含汞废碱处置方式:无处置、硫氢化钠除汞、中和废酸等。

据统计,2016 年,我国聚氯乙烯生产企业 75 家,其中电石法企业 60 家,产能 1 873 万 t,占全国的 80.5%,产量 1 400 多万吨,约占全国的 84%。其中,含汞废酸产生量为 116 万 t,含汞废碱产生量为 19 万 t、废汞触媒产生量为 1.27 万 t、废汞活性炭产生量为 0.78 万 t、过滤固化锯末产生量为 0.2 万 t。我国常用的废汞触媒处置技术包括蒸馏法和控氧干馏法,技术成熟,应用广泛。2013 年废氯化汞触媒回收企业共回收利用废氯化汞触媒约 1.5 万 t,主要采用蒸馏回收汞工艺。这些再生汞企业主要分布在贵州、湖南、宁夏等地区,其处理能力分别为 1 500 t/年、3 000 t/年、7 000 t/年、15 000 t/年、6 000 t/年。

1.1.2.2　含汞废渣的来源

含汞废渣包括尾矿渣、冶炼渣、废汞炱及有色冶炼酸泥等,其中在原生汞采选冶行业主要产生尾矿渣、冶炼渣、废汞炱等含汞废渣,有色金属铜铅锌冶炼行业主要产生酸泥等含汞废渣。

1) 原生汞采选冶行业

原生汞采选冶过程含汞废物产生节点图如图 1-2 所示。汞矿开采过程产生的含汞废物为废石,由于其含汞量低,不能用来炼汞,一般将其回填或堆存,待经济技术条件成熟时再进行金属回收利用。废石的产生主要受矿体分布的影响,由于不同矿区的矿体分布情况不同,较难统计其产生量,一般情况下,废石的产生量大,其处理处置是汞矿开采面临的重要环境问题之一。

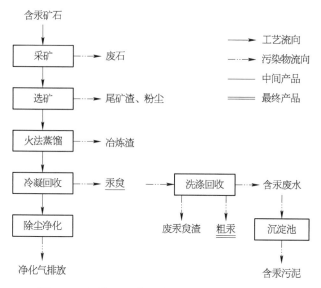

图 1-2　原生汞采选冶过程含汞废物产生节点图

选矿过程产生的含汞废物包括破碎、分选过程产生的含汞粉尘和精选过程产生的尾矿渣,其汞含量较低,也不能直接用来炼汞,因此多采用堆存的方式处置,待经济技术条件成熟时再进行金属回收利用。据相关资料统计,2010 年我国选矿过程产生的含汞粉尘和尾矿渣的总量为 17.84 万 t。随着汞矿资源的逐渐枯竭,每年汞矿采选过程产生的含汞废物逐渐减少,但由于缺乏有效的综合利用技术,大多数含汞粉尘和尾矿渣都进行了堆存处置。

汞冶炼过程产生的含汞废物包括冶炼渣、废汞垽、含汞污泥、冶炼粉尘。其中废汞垽、冶炼粉尘和含汞污泥中汞含量较高,一般实施返炉处理。而冶炼渣中汞含量低,不能再用来炼汞,一般将其堆存,待经济技术条件成熟时再进行金属回收利用。

目前,我国原生汞采选冶企业很少,主要分布在陕西、贵州两省,2011 年我国原生汞产量约 1 000 t,生产企业不到 30 家,从业人数约 700 人。该行业产生的含汞废渣主要包括采矿废石、尾矿渣、冶炼渣、废汞垽等,其中,采矿废石含汞极低,一般回填至矿坑。含汞尾矿渣及冶炼渣中汞含量不高,主要储存在尾矿库中,这些废渣的长期堆存对周围环境产生了极大的环境风险,需要采取有效的方法进行处理处置。

原生汞采选及冶炼产生的含汞固体废物量为万吨级,其中汞含量为 50~60 t。包括采矿废石、选矿产生的尾矿渣、汞冶炼废渣。原生汞的生产包括汞矿开采、选矿和汞冶炼三个生产单元。汞矿开采单元中主要含汞固废为采矿废石,主要来源于剥离的含汞量较低的围岩。处置方式为回填尾矿、露天堆存、再利用等。选矿单元中主要含汞固废为焙烧蒸馏炉渣、汞食处理残渣、废水处理泥渣和除尘器底灰。处置方式多数为排至尾矿库堆存、少数回收再利用、交由有危险废物处理资质的机构进行处理。汞冶炼单位产生的含汞固废为汞冶炼废渣,产生量少但汞含量较高,多用于返炉回炼。

2) 有色金属(铜、铅、锌)冶炼行业

铜、铅、锌冶炼行业是我国汞污染排放的重点行业之一,其汞的来源主要是生产原料(有色金属精矿),汞主要以硫化汞和氧化汞的形态伴生其中,在有色金属冶炼过程中,汞随之进入冶炼烟气,在烟气除尘、洗涤降温、烟气制酸等过程中被去除,主要进入含汞废物中,少量汞随烟气排放。我国有色金属(铜、铅、锌)冶炼行业企业分布广泛,产生的含汞废渣主要包括冶炼渣、冶炼粉尘、冶炼酸泥等,其中大部分汞富集在酸泥中。有色金属冶炼厂一般将含汞酸泥送往再生汞企业处置,常用的酸泥处置技术主要为蒸馏法,技术比较成熟。这些再生汞企业主要分布在贵州、湖南等省,其处理能力为 1 000~3 000 t/年。

铜、铅、锌冶炼行业产生的含汞废物主要来自烟气制酸工序,烟气收尘产生的含汞烟尘、洗涤产生的含汞酸泥及污酸经处理后产生的含汞污泥。根据环保部评估中心发布的《冶炼废物制酸工艺产排污系数手册》计算,2010 年我国铅、锌、铜冶炼行业制酸工序产生的含汞废物汞含量约为 45.6 t。按照废物含汞量平均约 3%计算得出,我国铅、锌、铜冶炼行业制酸工序产生的含汞废物约为 1 500 t。全国铜、铅、锌冶炼企业每年产生上万吨的含汞废物,但只有汞含量超过一定阈值的含汞废物才具有汞回收经济价值。2013 年,由具备含汞废物回收资质的企业进行重金属回收利用的含汞废物经估算约 2 000 t。其中,进行汞回收的含汞废物量约 800 t。主要包括含汞废渣、含汞烟道灰、含汞酸泥及含汞污泥等,采用的工艺类型为高温反应+蒸馏提炼汞。或对应种类处置资质的处置设施为 2 家,据调研,2013 年实际处置量约为 1 000 t。

(1) 铜冶炼行业。铜冶炼过程主要包括铜精矿熔炼、铜锍吹炼和粗铜精炼及烟气除尘、洗涤、制酸、脱硫等过程。在此过程主要产生熔炼渣、熔炼粉尘、吹炼渣、吹炼粉尘、精炼渣、精炼粉尘、污酸、酸泥及硫酸等含汞废物。其中熔炼渣采用电炉火法贫化处理,产生的电炉渣经磁选后返回熔炼炉,尾矿堆存处置;吹炼渣返回熔炼系统,精炼渣堆存处置,冶炼粉尘返回熔炼炉或按危险废物外运处置;污酸经处理后产生的酸泥按危险废物外运处置;硫酸主要用于生产化肥,也用于化工厂、冶炼厂和选矿厂等。我国铜冶炼行业含汞废物产污流程分别如图 1-3 所示。

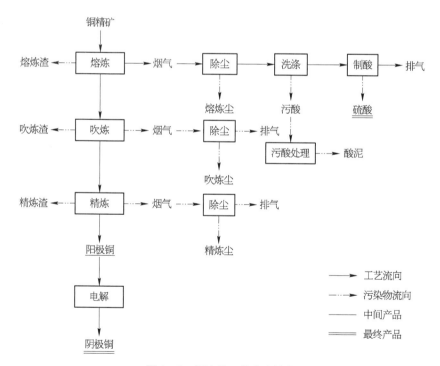

图 1-3　铜冶炼工艺产废流程

据有关资料统计,2016 年铜冶炼产生的工业固体废物(冶炼渣)总量约为 1 526 万 t、烟尘约为 99 万 t、硫酸约为 1 711 万 t[依据《工业源产排污系数手册(2010修订)下册》和"有色金属协会官方网站"统计计算得到]。

(2) 铅冶炼行业。铅冶炼过程主要包括铅精矿熔炼、高铅渣还原、吹炼渣烟化回收氧化锌、烟气除尘及制酸等过程。在此过程中主要产生吹炼渣、水淬渣、氧化锌粉尘、污酸、酸泥及硫酸等含汞废物。其中吹炼渣主要进入烟化炉回收氧化锌;水淬渣为一般固废,堆存处置;表冷粉尘、布袋粉尘主要外售给电解锌企业;污酸经处理后产生的酸泥按危险废物外运处置;硫酸主要用于生产化肥,也用于化工厂、冶炼厂和选矿厂等。我国铅冶炼行业含汞废物产污流程如图1-4所示。

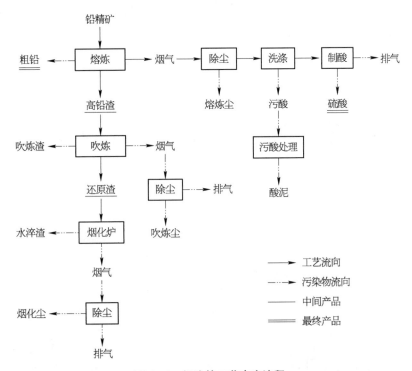

图 1-4 铅冶炼工艺产废流程

据有关资料统计,2016年铅冶炼产生的工业固体废物(冶炼渣)总量约为183万 t、烟尘约为83万 t、硫酸约为263万 t[依据《工业源产排污系数手册(2010修订)下册》和"有色金属协会官方网站"统计计算得到]。

(3) 锌冶炼行业。锌冶炼过程主要包括锌精矿焙烧、锌焙砂浸出、浸出渣进回转窑焙烧回收氧化锌、烟气除尘及制酸等过程。在此过程中主要产生浸出渣、窑渣、冶炼粉尘、污酸、酸泥及硫酸等含汞废物。其中浸出渣主要进入回转窑回收氧化锌;窑渣强度大,可用作路基材料或堆存处置;冶炼粉尘返炉或按危险废物外运处置;污酸经处理后产生的酸泥按危险废物外运处置;硫酸主要用于生产化肥,也用于化工厂、冶炼厂和选矿厂等。我国锌冶炼行业含汞废物产污流程分别如图 1-5 所示。

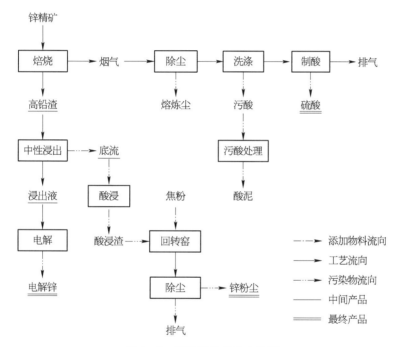

图 1-5　锌冶炼工艺产废流程

据有关资料统计,2016 年锌冶炼产生的工业固体废物(冶炼渣)总量约为 360 万 t、烟尘约为 186 万 t、硫酸约为 1 124 万 t[依据《工业源产排污系数手册(2010 修订)下册》和"有色金属协会官方网站"统计计算得到]。

1.1.2.3　废含汞试剂的来源

废含汞试剂主要是指在汞试剂生产过程中产生的不合格品,由于汞试剂产品种类很多,工艺路线也各不相同,但从生产方法上大致可分为干法和湿法两种。干法工艺采用汞与其他生产原料混合后焙烧,经冷凝后得最终产品,如氯化汞、硫化汞等的生产。这种方法含汞废气产生量大,需进行除尘、吸附、净化等处理后方能达标排放。湿法工艺采用汞与其他生产原料常温下在溶液中进行反应,经过分离、洗涤、干燥后得最终产品。这种方法含汞废水产生量较大,需采用必要的化学处理方法才能达标排放。我国含汞试剂生产行业含汞废物产生节点分别如图1-6、图1-7所示。

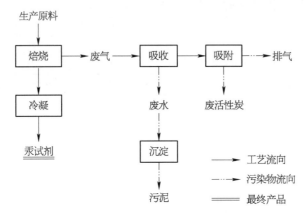

图1-6 含汞试剂干法生产工艺含汞废物产生节点图

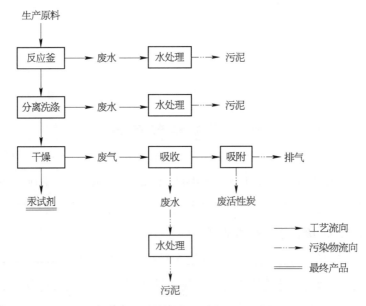

图1-7 含汞试剂湿法生产工艺含汞废物产生节点图

含汞试剂是实验室及工业生产中常用的化学试剂,种类繁多,含汞试剂主要包括汞、硫化汞类、氯化汞类、氧化汞类、卤化物类汞盐、硫酸汞盐类、硝酸汞盐类、氯化氨基汞、氰化汞、硫氰酸汞、硫氰酸汞铵、醋酸汞盐类、水杨酸汞、汞溴红、硫柳汞、氧氰化汞、对氯汞苯甲酸等。其中氯化汞的应用最为广泛,不仅用于实验室,更重要的是作为生产聚氯乙烯(PVC)用汞触媒催化剂的生产,也被用作电池中的去极剂以及医药中的防腐杀菌剂、染色的媒染剂、木材的防腐剂和照相乳剂的增强剂等。含汞试剂的生产原料一般为粗汞、精汞或高纯汞,通常是按照含汞试剂产品的纯度选择原料种类。废含汞试剂属于危险化学品,按照《危险化学品安全管理条例》进行管理。废弃后的化学试剂因含高浓度的汞或汞化合物,危害很大,但其产生量不大。废含汞试剂目前比较成熟的处理方法为湿法回收处理和固化填埋法。废含汞试剂处理处置主要采用湿法处理技术,根据不同废含汞试剂性质,采用过滤、蒸馏等提纯方法对其中含汞试剂进行回收。湿法回收处置废含汞试剂,处置成本低,处置过程中产生二次污染小,资源再生利用率最高。但其处理处置产品如汞及其汞盐的交易需要具有危险化学品经营资质。

1.1.2.4　废荧光灯的来源

荧光灯是指利用低气压的汞蒸气在通电后释放紫外线,从而使荧光粉发出可见光的原理进行发光的电光源,主要包括直管荧光灯、环形荧光灯、单端紧凑型节能荧光灯。其构成主要包括玻璃管、灯管电极、惰性气体、金属汞、荧光粉等。近几年来,我国荧光灯使用量迅猛增加,已经取代传统的白炽灯成为我国主要照明电器。在此情况下,每年产生大量废荧光灯管,据不完全统计,2013 年产生的废荧光灯管约 1 亿只。我国已经把含汞废旧灯管和灯泡列入有害物质,在 2001 年 12 月颁布的危险废物污染物防治技术政策中明确规定:各级政府应加强废日光灯管产生、收集和处理处置的管理,鼓励重点城市建设区域性的废日光灯管回收处理设施。但是由于相关环保法律法规实施不到位,废荧光灯回收体系不完善,再生利用技术复杂,导致废荧光灯灯管的回收利用率很低。

我国废荧光灯管主要来源于社会大批淘汰的废旧灯管和荧光灯生产过

程中产生的不合格品。我国荧光灯管生产过程含汞废物产生节点如图 1-8 所示。荧光灯管生产过程中不仅产生不合格品,还产生其他含汞废物,一般荧光灯管生产通常包括清洗、涂粉、烤管、注汞、接汞泡、排气、烤汞、老练、检验等多个工序,其中在注汞过程以后的工序均有含汞废物产生,主要包括生产及产品转运过程中破碎的灯管、封口或高温加热时截断的废玻璃管和不合格废品、处理废水和废气产生的污泥或含汞活性炭等。这些含汞废物的处理多为循环利用或交有资质机构进行处理。

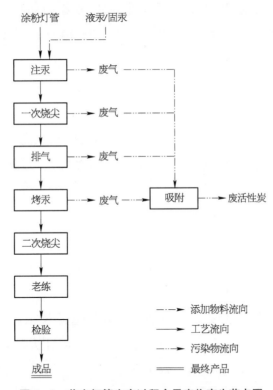

图 1-8　荧光灯管生产过程含汞废物产生节点图

　　截至 2014 年,我国持有含汞废荧光灯管的危险废物经营许可证企业共 25 家,全年实际利用处置废荧光灯管约 4 000 t。处置方式类型包括直接破碎分离+干法蒸馏、湿法工艺+固化填埋法等。主要回收灯管类型为直管型荧光灯、节能灯、高压汞灯、紧凑型荧光灯等(环保部危险废物经营许可证统计,2013)。

1.1.3　含汞废物的特性

1.1.3.1　废汞触媒的特性

采用电子扫描电镜(scanning electron microscope，SEM)和能谱分析仪(energy disperse spectroscopy，EDS)对某电石法生产聚氯乙烯企业(生产规模 10 万 t/年)产生的废汞触媒进行样品形貌、能谱分析,并依据《固体废物汞、砷、硒、铋、锑的测定微波消解/原子荧光法》(HJ 702—2014)对样品进行总汞含量分析。其中,废汞触媒的 SEM、EDS 分析结果分别如图 1‑9、图 1‑10 和表 1‑2 所示。

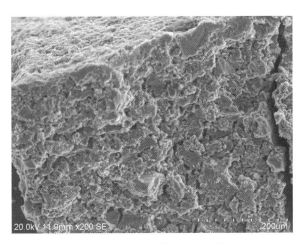

图 1‑9　废汞触媒 SEM 分析图

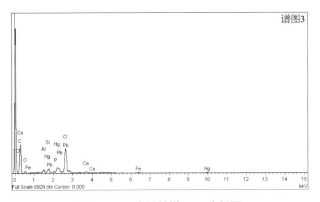

图 1‑10　废汞触媒 EDS 分析图

表 1 - 2　样品 EDS 分析结果(除 S、Cl 外,样品元素含量以氧化物计)

废汞触媒样品	Cl	HgO	SiO₂	Al₂O₃	CaO	P₂O₅	Fe₂O₃
样品含量(%)	9.7	6.59	1.97	1.34	0.88	0.8	0.7

由图 1 - 9 可知,废汞触媒的物质紧密团聚一体,表面极为粗糙,微孔很多,且分布众多细小白色物质,表面活性强。由图 1 - 10 及表 1 - 2 可知,废汞触媒主要含有 Cl、Hg 等,还含有少量 Si、Al、Ca、P、Fe 等,其中 Hg 主要以 $HgCl_2$、HgO 形式存在,且含汞化合物占主体。同时废汞触媒的总汞含量测试结果为 48 700 mg/kg,约为 4.9%,适合采用火法冶炼回收汞。综上,废汞触媒具有表面活性强、汞含量高、且以含汞化合物为主等特点,危害性大,需要进行安全处置。

1.1.3.2　含汞废渣的特性

含汞废渣主要包括原生汞采选冶产生的尾矿渣、冶炼渣、废汞皂和有色冶炼(铜、铅、锌)行业产生的含汞酸泥等。本节主要对以上含汞废渣分别进行 SEM、EDS 分析,以明确其物理化学特性。

1) 原生汞采选冶含汞废渣

采用 SEM、EDS 对某原生汞采选冶企业(以贵州某火法冶炼企业为例)产生的尾矿渣、冶炼渣、废汞皂进行样品形貌、能谱分析,并依据《固体废物汞、砷、硒、铋、锑的测定微波消解/原子荧光法》(HJ 702—2014)对样品进行总汞含量分析。其中,尾矿渣、冶炼渣、废汞皂的 SEM、EDS 分析结果分别如图 1 - 11~图 1 - 14 和表 1 - 3 所示,所有样品总汞含量分析结果见表 1 - 4。

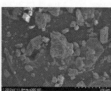

图 1 - 11　老、新矿区尾矿渣、冶炼渣、废汞皂 SEM 分析图

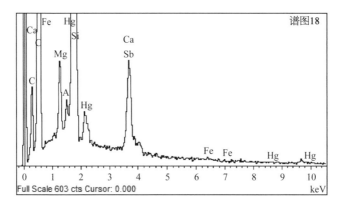

图 1 - 12　老矿区尾矿渣 EDS 分析图

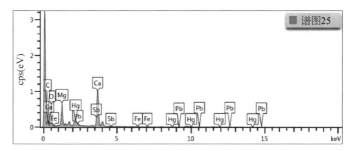

图 1 - 13　新矿区尾矿渣 EDS 分析图

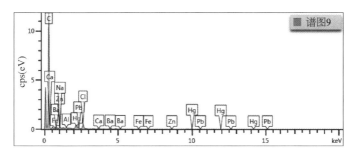

图 1 - 14　冶炼渣 EDS 分析图

表 1 - 3　样品 EDS 分析结果(除 S、Cl 外,样品元素含量以氧化物计)

老矿渣样品	SiO_2	Sb_2O_3	CaO	MgO	Al_2O_3	Fe_2O_3	HgO
样品含量(%)	58.95	5.67	2.48	1.7	1.36	0.26	0.05
新矿渣样品	CaO	MgO	Sb_2O_3	Fe_2O_3	PbO	HgO	
样品含量(%)	31.46	18.87	2.25	1.29	0.32	0.03	
冶炼渣样品	Cl	BaO	PbO	Al_2O_3	HgO	Na_2O	Fe_2O_3
样品含量(%)	1.18	1.10	0.48	0.47	0.35	0.34	0.29

表 1 - 4 含汞废物总汞含量分析

样品名称	老矿尾矿渣	新矿尾矿渣	冶炼渣	废汞炱
总汞含量(mg/kg)	240	180	300	110 025

由图 1 - 11 可知,老矿区尾矿渣样品表面分布较多大小不等的颗粒,粒径范围在 0～0.35 mm,表面较粗糙;新矿区尾矿渣样品表面分布少量大小不等的颗粒,粒径范围在 0～0.1 mm,表面较粗糙;原生汞冶炼渣表面粗糙,基体上分布大量细小颗粒;废汞炱内所有物质汇聚为一团,表面极为粗糙,且有汞珠出现。由图 1 - 12～图 1 - 14 及表 1 - 3 可知,老矿区尾矿渣主要含有 Si、Sb 等,还含有少量 Ca、Mg、Al、Fe、Hg;新矿区尾矿渣主要含有 Ca、Mg 等,还含有少量 Sb、Fe、Pb、Hg;冶炼渣主要含有 Cl、Ba 等,还含有少量 Pb、Al、Hg、Na、Fe。其中废汞炱因含汞极高,未能得到能谱分析图。由表 1 - 4 可知,这些含汞废渣中只有废汞炱汞含量很高,在 11% 以上,其他含汞废渣的汞含量均较低,其中老矿区尾矿渣和冶炼渣中汞含量高于 0.024%。

原生汞采选冶行业产生的含汞废渣中废汞炱的汞含量最高,活性很强,其危害性很大,需要进行安全处置。尾矿渣、冶炼渣中汞含量较低,但其表面主要由颗粒物构成,表面较粗糙,具有一定的环境风险,也需要开发相应的处置技术进行安全处置。

2) 有色金属铜、铅、锌冶炼含汞废渣

铜、铅、锌冶炼过程中,汞的输出主要在其熔炼/焙烧工段,大部分汞在此进入冶炼烟气中,经烟气除尘、湿法洗涤、制酸等过程进入该工段含汞废物中。因此,主要对熔炼/焙烧过程中产生的含汞废渣进行特性分析,明确其物理化学特性。对该企业熔炼/焙烧工段产生的熔炼渣、熔炼粉尘、含汞酸泥采用 SEM、EDS 进行样品形貌、能谱分析,并依据《固体废物汞、砷、硒、铋、锑的测定微波消解/原子荧光法》(HJ 702—2014)对样品进行总汞含量分析。其中,熔炼渣、熔炼粉尘、含汞酸泥的 SEM、EDS 分析结果分别如图 1 - 15～图 1 - 18 和表 1 - 5 所示,所有样品总汞分析结果见表 1 - 6。

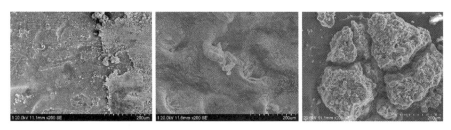

图 1-15 熔炼渣、熔炼尘及酸泥 SEM 分析图

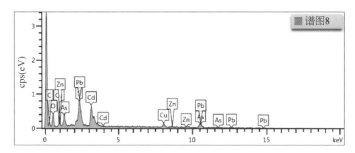

图 1-16 熔炼渣 EDS 分析图

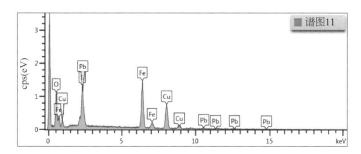

图 1-17 熔炼尘 EDS 分析图

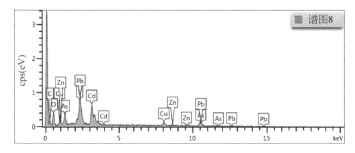

图 1-18 酸泥 EDS 分析图

表 1-5 样品 EDS 分析结果

熔炼渣样品	样品含量(%)	熔炼尘样品	样品含量(%)	酸泥样品	样品含量(%)
CuO	43.22	CdO	32.83	Cl	8.69
Fe_2O_3	46.16	PbO	16.26	CaO	11.17
PbO	7.63	As_2O_3	16.13	SiO_2	3.58
S	6.43	CuO	10.38	HgO	2.83
		S	6.07	TiO_2	2.82
		ZnO	2.40	Fe_2O_3	2.23
				Na_2O	2.02
				Al_2O_3	1.62
				As_2O_3	0.29
				BaO	0.26
				K_2O	0.21
				SeO_2	0.17
				CdO	0.1

注:除 S、Cl 外,样品元素含量以氧化物计。

表 1-6 含汞废物总汞含量分析

样品名称	熔炼渣	熔炼尘	酸泥
总汞含量(mg/kg)	15	106	30 022.2

由图 1-15 可知,熔炼渣的表面较为平整,局部有散落的碎渣,几乎不存在微孔,其表面活性小;熔炼粉尘呈平面结构,表面有褶皱,也不存在微孔,其表面活性小;酸泥中的物质聚集成块,表面十分粗糙,微孔较多,分布大量细小颗粒,说明其表面活性较强。

由图 1-16~图 1-18 及表 1-5 可知,熔炼渣主要含有 Cu、Fe、Pb 等,几乎不含汞;熔炼尘主要含有 Cd、Pb、As、Cu 等,酸泥主要含有 Cl、Ca、Si、Hg,还含有少量 Se、Cd、Al、As、Ba 等。一般情况下,冶炼厂通常将熔炼渣、熔炼尘返回熔炼炉处理,而产生的酸泥主要送往再生汞企业回收金属汞。

由表 1-6 可知,酸泥中含汞 30 022.2 mg/kg,远高于其他含汞废物汞浓度。以上测试结果表明,铜、铅、锌冶炼行业产生的含汞废物中,酸泥的含汞高、表面活性强,具有较大的危害性,应进行合理的处理处置。

酸泥的处理处置一般采用火法蒸馏工艺,该方法具有生产效率高、技术成熟、操作简单等优点,但也面临含汞废气治理难度大、环保运行成本高、硒资源没得到有效回收等问题。近年来,湿法冶金技术因其具有资源回收率高、清洁污染少等优点而逐渐成为人们研究的热点,也是未来发展的方向之一。

1.1.3.3 废含汞试剂的特性

废含汞试剂的种类繁多,产生量较大的废含汞试剂主要包括汞、硫化汞类、氯化汞类、氧化汞类、卤化物汞盐类、硫酸汞类、硝酸汞类、氯化氨基汞类、醋酸汞盐类、汞溴红等。其中有机汞试剂包括醋酸汞盐类、汞溴红等。

1) 废无机汞试剂

(1) 废汞试剂。汞俗称水银。元素符号 Hg,在化学元素周期表中位于第 6 周期、第ⅡB族,是常温常压下唯一以液态存在的金属。汞是银白色闪亮的重质液体,化学性质稳定,不溶于酸也不溶于碱。汞常温下即可蒸发,汞蒸气和汞的化合物多有剧毒(慢性)。

废汞的处置主要采用过滤、洗涤的方法,处置过程中产生的废水主要采用硫化物和氢氧化亚铁沉淀处理,产生的沉淀物送至冶炼系统回收利用。

(2) 废硫化汞类试剂。硫化汞是硫和汞的化合物,化学式为 HgS。有红色六方(或粉末)和黑色立方(或无定形粉末)。密度 8.10 g/cm³。583.5 ℃升华。难溶于水。溶于硫化钠溶液、王水,不溶于硝酸、盐酸。自然界中呈红褐色,称为辰砂或朱砂。

废硫化汞类试剂主要采用焙烧的方法处理,将其加热至升华温度点以上,使其分解产生汞蒸气,经冷凝系统回收得金属汞,同时产生的 SO_2 气体用稀碱液吸收处理。

(3) 废氯化汞类试剂。氯化汞,俗称升汞、猛汞,白色晶体、颗粒或粉末,熔点 276 ℃,沸点 302 ℃,有剧毒,溶于水、醇、醚和乙酸,容易和强氧化剂、强碱反应。常温时微量挥发,100 ℃时变得十分明显,在约 300 ℃时仍然持续挥发。

废氯化汞类试剂主要采用碱性氧化+焙烧的方法处理,将其与 NaOH

溶液反应生成氧化汞,然后加热使其分解产生汞蒸气,经冷凝系统回收得金属汞,同时产生的含汞气体经多级吸收净化后排放。

(4) 废氧化汞类试剂。氧化汞是一种碱性氧化物,亮红色或橙红色鳞片状结晶或结晶性粉末,几乎不溶于水,不溶于乙醇,500 ℃时分解,剧毒,有刺激性。废氧化汞类试剂主要采用焙烧的方法处理回收金属汞。

(5) 废卤化物汞盐类试剂。碘化汞为红色四方晶体或粉末,质重,无味,无气味。见光分解,长期光照下会变棕色,对蓝光尤其灵敏,500 ℃分解成 Hg 和 I_2。溴化汞为白色结晶或结晶性粉末。对光敏感。易分解。能升华。溶于 200 份冷水和 25 份沸水,易溶于热乙醇、甲醇、盐酸、氢溴酸和溴化钠溶液。微溶于氯仿。相对密度 6.05。熔点 237 ℃。沸点 322 ℃。有毒。有刺激性。

对废卤化物汞盐类试剂的处理一般采用加入一定量的氢氧化钠溶液和甲醛,在催化作用下反应后生成液态金属汞。

(6) 废硫酸汞类试剂。硫酸汞白色晶体,有毒,密度 6.47 g/cm^3。与少量水形成一水物。与大量水(特别是在加热情况下)分解形成碱式盐和硫酸,溶于酸,不溶于乙醇。

废硫酸汞类试剂主要采用在加热条件下用锌粉或铁粉置换的方法处理,将其与锌粉或铁粉反应生成硫酸锌($ZnSO_4$)和液态金属汞或硫酸亚铁($FeSO_4$)和金属汞。

(7) 废硝酸汞类试剂。硝酸汞是无色或微黄色结晶性粉末,有硝酸气味,熔点 79 ℃,沸点 180 ℃,有吸湿性。溶于少量水和稀酸,遇大量水或沸水,则生成碱式盐沉淀,不溶于乙醇。有剧毒。

废硝酸汞类试剂的处置方法是将其溶于大量水中形成碱式盐,再对其缓慢加热使其分解生成氧化汞,然后再进行焙烧法处理回收金属汞。

(8) 废氯化氨基汞类试剂。氯化氨基汞为白色或类白色粉末,又称为白降汞,无臭,遇光易分解,不溶于水或乙醇,易溶于过量的氨水或过量的氯化铵溶液中。因此,对废氯化氨基汞类试剂的处置一般采用加入大量氯化铵溶液将其溶解,然后加入 KI_2 溶液反应生成 HgI_2,再按 HgI_2 处理方法回收汞。

2) 废有机汞试剂

(1) 废醋酸汞盐类试剂。醋酸汞具有珍珠光泽白色片状结晶或浅黄色粉末,对光有敏感性,有乙酸气味。溶于二氯甲烷、乙酸、水(在水中会慢慢水解为 HgO);微溶于醇;不溶于苯、己烷等。常温常压下稳定,避免氧化物、酸、光接触。水溶液易水解,加热时可生成黄色的碱式盐,在放置过程中也会产生黄色沉淀。

废醋酸汞盐类试剂的处置方法是将其溶于水后,加氢氧化钠发生热熔分解反应,生成碳酸汞沉淀,对其加热后得到氧化汞,再进行焙烧法回收金属汞。

(2) 废汞溴红试剂。汞溴红又名红汞,带有绿色或蓝绿赤褐色的小片或颗粒。无气味。有吸湿性。易溶于水,微溶于乙醇和丙酮,不溶于氯仿和乙醚。其水溶液呈樱红色或暗红色,稀释时显绿色荧光,遇稀无机酸则析出沉淀。医药上是外用消毒剂。其2%的水溶液,俗称红药水,适用于表浅创面皮肤外伤的消毒。

废汞溴红试剂的处置方法是将其加入盐酸,破坏有机基团,生成醋酸汞,然后按照醋酸汞处置方法回收金属汞。

以上各类废含汞试剂的产生量较小,但汞含量很高,危害性大,需要结合其物理化学特性采用对应的物理化学处置方法进行安全处置。

1.1.3.4　废荧光灯管的特性

我国常见的荧光灯管有直管荧光灯、环形荧光灯、单端紧凑型节能荧光灯,其中直管荧光灯的数量约占 27.3%,单端紧凑型荧光灯占 66.2%,环形荧光灯占 2.8%。其中,直管荧光灯产品的单支含汞量在 5～10 mg,个别企业的产品为 3～4 mg 甚至更低;中低功率紧凑型荧光灯产品的单支含汞量为 3～5 mg,部分企业产品含汞量低于 3 mg,甚至低于 1 mg;大功率紧凑型荧光灯含汞量在 3～10 mg。

我国荧光灯管的结构主要由以下几部分组成:

(1) 玻璃管,其形状有直管型、U 型、螺旋型、H 型、环型等。

(2) 灯管电(阴)极,灯管电极又有导丝和灯丝组成。在灯丝上涂敷有三元碳酸盐电子发射材料。

（3）惰性工作气体,如氩气、氪气等。

（4）金属汞,包括液体汞和固态汞。固态汞又分为汞丸和汞柱(释汞吸气剂),主要用于产生紫外线辐射。

（5）稀土三基色荧光粉。实际上,在废荧光灯管回收过程中主要考虑灯头、玻璃、荧光粉和汞的处理处置,相关资料表明,直管荧光灯的主要成分为玻璃97.6%、镍铜金属丝1.05%、铝0.94%、钨0.08%、锡0.05%、荧光粉0.28%及微量的汞。其中荧光粉分为普通荧光粉和稀土三基色荧光粉,稀土普通荧光粉的回收价值相对较低,稀土三基色荧光粉含有宝贵的稀土资源,如钇、铕、铽等,回收价值较高。

废荧光灯管中的汞除以蒸气的形式存在外,还有部分外吸附在灯管的各个部件,如灯头、荧光粉以及玻璃上。Min Jang 等人的研究结果(表 1-7)表明,不同类型的荧光灯汞的分布不同,从汞总的分布来看,99%以上以吸附汞的形式存在,其中管壁荧光粉与玻璃上占 95%左右。Claudio Raposo 等人进一步研究了汞在荧光粉上与玻璃管上的存在形态,结果表明汞以 Hg^0、Hg^+ 形态主要富集在荧光粉上,并且在温度 400 ℃左右脱附,因此废荧光灯中的荧光粉是极易造成环境汞污染的一种物质。汞与玻璃之间有较强的吸附作用,脱附温度在 240~800 ℃,原因在于氧化汞可以扩散进入玻璃碎片中。研究表明随温度升高,各种价态的汞脱附的次序为 Hg^0、Hg_2Cl_2、$HgCl_2$、HgO。

表 1-7　汞在荧光灯各个组成部分中的分布

组分 ＼ 类型	T8 型(质量分数,%)	T12 型(质量分数,%)
灯头	2.07	0.50
脱落荧光粉	2.86	5.34
气态	未检出	0.04
管壁荧光粉及玻璃	95.08	94.12

综上所述,由于荧光粉中的汞含量较高,且含有一定量的稀土元素,废荧光灯管的处置应结合其外形、结构特征及成分进行无害化处置。

1.2 国内外含汞废物处置管理体系

1.2.1 国际公约含汞废物管理要求

1.2.1.1 《巴塞尔公约》

《巴塞尔公约》是《控制危险废物越境转移及其处置巴塞尔公约》的简称。其针对含汞废物提出了环境无害化管理(ESM)的技术导则,其中包含汞及其化合物,其核心目标是实现危险废物的环境无害化管理,保护人类健康和尽可能地减少危险废物对环境的危害。

《巴塞尔公约》在针对含汞废物提出了环境无害化管理的研究成果中将含汞废物分为十大类,包括:①燃料的使用,如燃煤电厂、石油和天然气工业等;②初级金属产品,如产品汞生产过程、有色金属冶炼等;③其他矿物产品中含有的杂质汞,如水泥制造、造纸等;④工艺过程汞的有意使用,如氯碱生产、VCM 生产等;⑤产品中汞的有意使用,如体温计、血压计、电子开关、电池、光源、油漆等产品;⑥其他产品/工艺的有意使用,如牙科汞齐、实验室设备等;⑦二次金属产品中金属的回收使用,如汞的回收再利用、有色金属回收等;⑧废物燃烧,如一般废物或市政废物的焚烧、危险废物焚烧、医疗废物焚烧、污泥焚烧等;⑨废物处置/填埋和废水处理,如垃圾填埋等;⑩殡葬业焚烧。同时,将产生含汞废物的原因分为四大类,包括工业仪器和产品中添加汞、废水处理过程、原生矿物质的热处理过程以及人工和小型炼金。

《巴塞尔公约》对含汞废物的环境无害化管理提出了 BAT/BEP 要求,并指出 BAT 技术要求采用的是当前最先进、最有效的,不仅是技术经济可行、环境友好,而且是可靠的实用技术。而技术不仅仅是指单纯的技术,还要包括设计、建造、维护、运行和淘汰在内的各种方式,同时还应考虑到当地的技术经济条件、文化背景等因素;在含汞废物管理方面,提出从以下方面进行,包括含汞产品的淘汰、含汞废物的识别和清单建立、消费习惯、含汞废物进出口管理、含汞废物产生者登记、处理处置设施授权、处理处置设施监测、员工培训、汞泄漏应急措施、责任和赔偿、处罚措施等。

1.2.1.2 关于汞的水俣公约

2013年10月,我国签署《关于汞的水俣公约》(以下简称《水俣公约》);2016年4月,全国人大已批准《水俣公约》,成为缔约方之一;2017年8月16日,公约正式生效。公约对含汞废物管理提出了相应要求,具体包括:

(1)《水俣公约》应与《巴塞尔公约》相协调,含汞废物的跨境转移应符合《巴塞尔公约》的相关要求。

(2)协调《巴塞尔公约》,制定含汞废物统一的阈值。

(3)采取措施使含汞废物以环境无害化方式管理,仅为公约允许用途或环境无害化处置而得到回收、再循环、再生或直接再使用等。

1.2.2 发达国家含汞废物管理要求

1.2.2.1 美国含汞废物管理体系现状

美国《资源保护和回收法》(Resource Conservation and Recovery Act, RCRA)规定涉及含汞产品的处理和回收,含汞的废弃物被确定为危险物品,其存放、运输等应符合有关部门的规定。现在已将含汞废物归属按普通废料的规定,比 RCRA 关于危险物品的管理条款要求有所放松,各州建立专门的收集规划。美国含汞废物相关法规见表1-8。

表1-8　美国汞污染防治废物和产品领域相关标准

法规名称	发布时间	发布机构	总体目标
固体废物焚烧规则(40CFR 第129部分)	1990年	美国环保署	规定了有关 EPA 大型和小型生活垃圾焚烧炉,包括感染性废物在内的医疗废物焚烧炉,以及工业固废燃烧炉的大气排放标准
含汞资源回收和保护法案的汞测试方法(7470A—7474)	1994年	美国环保署	在执行资源保护与恢复法案(RCRA)的规定时使用该办法检测汞

（续表）

法规名称	发布时间	发布机构	总体目标
危险废物鉴别条例（40CFR 第 261 部分）	2010 年	美国环保署	固体废物的分类是基于作为危险废物危险废物特性和/或 EPA 研制开发的废物名单上的危险废物。一旦被确认为是危险废物，必须符合所有适用的联邦法规有关的管理。40CFR 第 261 部分危险废物鉴别条例
土地批准和土地处理限制规定（40CFR 第 268 部分）	2005 年	美国环保署	规定了在填埋处理前废物含汞必须达到的处理标准，减少危险废物填埋的汞污染
通用废物条例（40CFR 第 273 部分）	2005 年	美国环保署	包括含汞电池、农药、灯具和温控器等废物的全方位收集要求

1995 年环境保护协会提出了《普通废物垃圾的管理办法（UWR）》，其目的是减少城市固体垃圾中危险物品的数量，促进或方便一些常规危险物品的回收和安全处理，减少针对这些废物管理上的工作量。普通垃圾是指那些通常废弃的生活用品和几乎无利用价值的物品，虽然在存放、运输和回收方面对普通废物垃圾的管理没有严格的标准，但在最后的处理或再生利用方面应完全按照危险物品的规定，要求在对垃圾焚烧或堆肥处理前，将荧光灯等从垃圾中分拣出。在含汞产品方面，美国也针对荧光灯中汞的使用和废弃做了系列规定。

1.2.2.2　欧盟成员国含汞废物管理体系现状

废物预防与管理是欧盟《第六个环境行动计划》中四个主要优先领域之一，其主要目标是减少经济活动中废物产生量。欧盟的目标是通过新的废物预防行动、资源有效利用、鼓励朝可持续消费方式以显著降低垃圾产生量。至 2010 年，将废物的处置量在 2000 年的基础上减少 20%，至 2050 年，减少 50%，尤其是减少危险废物的产生量。欧盟管理废物的方法是基于废物预防、循环与回收利用和提高最终的处置与监控三项主要原则。因此，欧盟关于废物管理的法律制定也是以此为依据的。欧盟废物管理方面的标准

(指令和条例)可分为四类：①废物框架标准；②废物经营管理指令；③特殊废物指令；④其他相关指令。欧盟固体废物标准体系如图 1-19 所示。

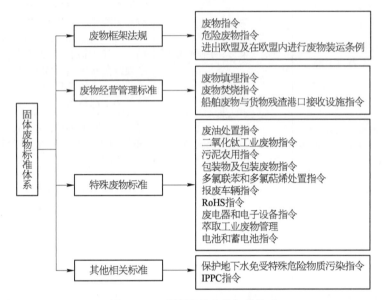

图 1-19 欧盟固体废物标准体系

1）欧盟废物框架标准

欧盟废物框架标准包括以下三项：①关于危险废物的 91/689/EEC 指令；②废物 2006/12/EC 指令；③关于进出欧盟及在欧盟内进行废物装运的监管与控制的理事会第 259/93 号条例。

2）废物经营管理标准

欧盟现有的废物经营管理标准包括以下三项：①关于废物填埋的 1999/31/EC 指令；②关于废物焚烧的 94/67/EC 和 2000/76/EC 指令；③关于船舶废物与货物残渣港口接收设施的 2000/59/EC 指令。

3）特殊废物标准

特殊废物标准由以下 10 项指令构成：①关于废油处置的 75/439/EEC 指令；②关于二氧化钛工业废物的 78/176/EEC 指令；③关于环境保护，尤其是污泥农用时保护土壤的 86/278/EEC 指令；④关于包装物及包装废物的 94/62/EC 指令；⑤关于多氯联苯(PCBs)和多氯萘烯(PCTs)处置的 96/

59/EC 指令;⑥关于报废车辆的 2000/53/EC 指令;⑦关于限制某些危险物质在电器和电子设备中使用(RoHS)的 2002/95/EC 指令;⑧关于废电气和电子设备(WEEE)的 2002/96/EC 指令;⑨2006/21/EC;⑩关于含危险物质的电池和蓄电池的 91/157/EEC 指令。

4)其他相关标准

其他相关废物的标准包括《综合污染预防与控制指令》(IPPC,96/61/EC)。欧盟内部建立了以《综合污染防治指令》(IPPC,1996/61/EC)为核心、以许可证管理为手段的环境管理体系,制定了操作性很强的各工业行业最佳可行技术指南(BREF),还专门制定了《欧洲汞共同战略》来全面防治汞污染。欧盟 BREFs 中与含汞废物处理处置及污染防治技术相关内容见表1-9。

表 1-9　欧盟 BREFs 中与含汞废物处理处置及污染防治技术相关内容

行业	目的	技术		技术适用性	实施时间
废物处理	回收汞	物理化学法(预处理+热处理)		石油天然气工业污泥、电池、催化剂、活性炭、温度计、牙科废物、废荧光灯、含汞土壤等	2006 年
废物焚烧—减少汞排放措施	减少烟道气汞排放	初级技术	废物分类	混合废物	2006 年
		二级技术	氧化为 HgS 等稳定形态,经洗涤进入废水	含汞烟道气中汞的进一步去除	
			活性炭等吸附剂中加入硫黄直接去除		
	含汞废水处理	絮凝沉淀	络合物和硫化物的添加可进一步去除汞	含汞废水中汞的进一步去除	
氯碱生产	减少汞使用	转换为其他技术			2001 年

特别值得指出的是,欧盟对含汞商品、产品限制采取了越来越严厉的措施,欧盟《报废电器电子设备指令》(WEEE)、《电气、电子设备中限制使用某些有害物质指令》(RoHS)已明令禁止含汞电池的进口,要求电子、电器产品中在 2006 年 7 月 1 日后不得超标含有包括汞在内的六种有毒有害物质,并计划在 2009 年 10 月颁布禁止医疗器械含汞的法令。REACH 规定年产量超过 1 t 的企业需进行注册,并对汞的监测定出了具体要求(未含化妆品和食品)。

欧盟《大型燃烧装置的最佳可行技术参考文件》建议汞的脱除优先考虑采用高效除尘、烟气脱硫和脱硝协同控制的技术路线。采用电除尘器或布袋除尘器后加装烟气脱硫装置,平均脱除效率在 75%(电除尘器为 50%,烟气脱硫为 50%),若加上 SCR 装置可达 90%,燃用褐煤时脱除效率在 30%～70%。

欧盟 BAT 文件在实施的过程中,定期进行评审,根据所依据法令和法规的变化随时保持更新,以保证与科学技术的同步发展,并根据 BAT 执行经验的反馈,对 BAT 限值进行修正。环保部门鼓励发展和引入能满足 BAT 要求的新技术和改进的技术,从而有利于整个环境质量的持续提高。因此企业经营者必须保证与生产活动相关的可行技术的随时更新。

1996 年 9 月 24 日,欧盟委员会指令 96/91/EC 要求建立能够在各成员国之间实现综合污染防治和管理排污许可证的立法,提出建立最佳可行技术(BAT)体系。到 2004 年,欧盟的 BAT 体系已经基本建立完成,并在各行各业建立起相应的参考性文件,开始发挥其指导作用。

除了欧盟统一的管理要求,欧盟成员国内含汞废物管理也有相应的管理体系。德国的含汞废物管理法可分为三个层次:法律、条例和指南。相关的法律如《循环经济与废物管理法》《环境义务法案》《关于避免和回收利用废弃物法案》《德国废弃物法案》《垃圾处理法》《关于容器包装废弃物的政府法令》等;相关的条例如《有毒废弃物以及残余废弃物的分类条例》《废弃物和残余物控制条例》《废弃物处置条例》《包装以及包装废弃物管理条例》《污水污泥管理条例》;相关的指南如《废弃物管理技术指南》和《城市固体废弃物管理技术指南》等。其中,德国在废弃物处置和资源化以及填埋处置等建立了较完善的法律体系。1990 年德国《第 17 号联邦排放控制条例》对焚烧设施污染物质排出标准做出限定,德国也对大气汞的排放限值做了修订,规定为 10 $\mu g/m^3$。1993 年,《德国废弃物处理的技术指南》中规定废物必须作前期处理才能填埋,按照当时的技术水平,废物焚烧后的残渣才能达到填埋标准。随着废物机械/生物处理(MBT)技术发展,生物技术在废物处置技术中占比例越来越高。1996 年《德国关于资源化及废弃物管理的法令》中规定,自该法令颁布日起 20 年后废物直接填埋处理的比例要降低到零。到 2001 年德国颁布的《生活垃圾及从生物处理设施排出的废弃物处理的环保安全保养的法规》中正式明确将 MBT 确认为废物处理方式之一,并且明确了汞的排放和浸出标准。德国填埋法令中规定,对于处置后仍超出填埋标准的有害废物,要进行地下填埋处置。地下处置参考德国 2002 年和 2011 年分别颁布的《德国地下废物存储指南》和《德国关于填埋场及长期储藏设施管理指南》(2009 年发布,2011 年修订并发布)等。

　　欧盟废物处置导则框架中,危废按照 5 步分类法进行处置:阻隔、二次利用、回收、其他类型回收利用(转化为能源)和处置。含汞危废在地下储藏,不仅避免了有害物质进入生物圈而且以后还可以回收利用。德国REMONDIS 公司下属的 NQR 汞稳定化处理中心拥有回转窑、真空处理器和汞纯化处理设施,能处理包括含汞电池、温度计和荧光灯等含汞废物。回转窑能处理包括含汞活性炭、工业污泥、纽扣电池、污染土壤和含汞催化剂等固体废物;真空处理器专门处理金属汞,在真空状态下,硫与金属汞反应生成稳定的硫化汞;汞纯化设施可以将金属汞纯化得到高纯度金属汞(99.999 999％),以满足相关行业需要,该设备年纯化汞的量为 500 t。NQR 汞稳定化处理中心对汞处理设备依据 TA Luft 方法进行实时汞排放监控。NQR 汞稳定化处理中心对汞处理车间的 16 个点位每天进行定期大气汞浓度监测,大气汞浓度低于 20 $\mu g/m^3$。此外,中心对操作工人按月进行汞暴露监测,工人尿液汞浓度低于行业相关标准(25 $\mu g/g$)。

1.2.2.3　日本含汞废物管理体系现状

日本共有 13 个中央省厅,环境省下又分为 8 个部门,分别负责环境政策制定、自然资源保护、环境质量管理、环境调查研究、核安全管理、区域环境管理、全球环境事务及环境大臣秘书处事务等。汞污染防治及汞公约履约目前由环境政策局下的环境健康部负责。日本具有非常完善的废物无害化管理系统,并建立了废干电池及废荧光管的广域收集和处理系统,在旧矿山循环再利用废旧产品和回收汞,回收的汞即可满足国内用汞行业汞需求,并出口过量的汞。

图 1-20 展示了 2010 年日本含汞废物中的汞物质流。对于所有涉汞环节中产生的含汞废物,回收汞是首选,对于不能回收的部分,再采取固化填埋措施。因此,日本可回收汞的含汞废物包括三大类 13 个小类,2010 年汞回收量约 53 t。为进一步满足公约要求,日本 2014 年起草了含汞废物环境无害化管理政策,完善含汞废物无害化管理。首先将含汞废物定义为"需要特别管理的工业废物",对其收集、运输、储存、处理处置方法及单质汞的最终处置提出了要求。

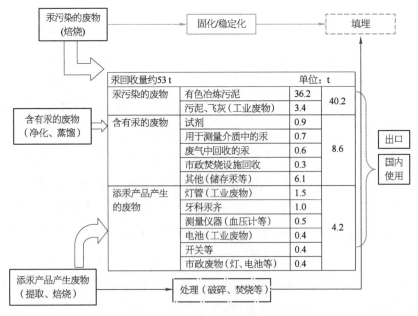

图 1-20　2010 年日本回收汞物质流

接受水俣病等公害事件的教训,日本开始限制汞排放,减少汞的使用。

针对汞和汞化合物的无害化临时储存,目前日本的汞和废荧光灯回收、添汞产品生产及电光源管理企业都存有一定量的汞,试剂和添汞产品生产企业存有一定量的汞化合物。日本将建立新的法律法规制定技术导则对公约定义的汞化合物进行无害化储存,由主管部门对企业进行管理,并且规定当汞和汞化合物储量超过 30 kg 时应定期报告存储用途及每年存量变化。

针对公约第 11 条汞废物,日本现行的《废物管理法》中对废物的收集、运输、储存和环境无害化处置有较为全面的管控,但是随着公约生效,将有更多的添汞产品作为汞废物出现,所以日本政府计划完善相关法律以便更好地从家庭中收集汞废物。此外,为了加强含汞工业废物的管理,日本还将新增《工业含汞废物》和《灰尘等含汞废物》等法律法规。对于拥有市场价值的可回收含汞原料,日本也将建立新的法规对其进行管控。

针对公约第 12 条污染场地,日本将沿用现有的《土地污染对策法》和《水污染控制法》进行管理,定期开展污染调查、地下水监测、修复等相关活动。

1.2.3　我国含汞废物管理体系现状

含汞废物在我国基本参照危险废物管理的体系,主要依据《中华人民共和国固体废物污染环境防治法》《危险废物经营许可证管理办法》《危险废物转移联单管理办法》《危险废物焚烧污染控制标准》(GB 18484—2001)、《危险废物储存污染控制标准》(GB 18597—2001)、《危险废物填埋污染控制标准》(GB 18598—2001)等法律法规和标准制定,包括了含汞废物识别标志设置、含汞废物管理计划制定、含汞废物申报登记、转移联单、经营许可、应急预案备案的收集、储存、利用、处置含汞废物的管理体系。

1.2.3.1　法规政策和规划

1)《中华人民共和国固体废物污染环境防治法》

《中华人民共和国固体废物污染环境防治法》(以下简称《固体法》)是为

了防治固体废物污染环境,保障人体健康,维护生态安全,促进经济社会可持续发展而制定的法规。1995年10月30日第八届全国人民代表大会常务委员会第十六次会议通过,1995年10月30日中华人民共和国主席令第58号公布,自1996年4月1日施行。2016年11月7日第十二届全国人民代表大会常务委员会第二十四次会议通过第四次修订。主要内容包括固体废物污染环境防治的监督管理、固体废物污染环境的防治、危险废物污染环境防治的特别规定和法律责任等内容。

我国的含汞废物管理目前主要参照《固体法》中关于危险废物管理的相关要求,主要包括污染环境防治责任制度(第三十条)、标识制度(第五十二条)、申报登记制度(第五十三条)、源头分类制度(第五十八条)、转移联单制度(第五十九条)、经营许可证制度(第五十七条)、应急预案备案制度(第六十二条)、储存设施管理(第五十八条)、利用设施管理(第十三条)、处置设施管理(第十三条、五十五条)。

2) 污染防治政策和规划

在国务院批复的《重金属污染综合防治"十二五"规划》中,第一类规划对象以铅、汞、镉、铬和类金属砷等生物毒性强且污染严重的重金属元素为主,第二类防控的金属污染物为铊、锰、铋、镍、锌、锡、铜、钼等。

环境保护部《"十二五"危险废物污染防治规划》主要任务中"(五)加强涉重金属危险废物无害化利用处置"中提出,在西北部地区建设电石法聚氯乙烯行业低汞触媒生产与废汞触媒回收一体化试点示范企业。以贵州、湖南、河南为重点,坚决取缔土法炼汞的非法行为,推动含汞废物利用处置基地建设。同时提出开展废荧光灯分类回收和处理工作。结合"绿色照明工程",督促荧光灯使用大户将废荧光灯交由有资质企业回收处理。研究建立以旧换新、有偿收购等激励机制,鼓励消费者将废荧光灯交由指定分类回收点回收。探索实施生产者延伸责任制,推动有条件的生产企业依托销售网点回收其废弃产品,建设处理设施自行处理或者委托有资质的企业处理。

工信部印发《有色金属工业"十二五"发展规划》规定到"十二五"末,仅保留一家原生汞冶炼企业,取缔其他原生汞冶炼企业。汞触媒回收企业应配套有汞蒸气回收装置,除贵州万山地区外,严格控制其他地区新建的汞触媒回收企业。

《危险废物污染防治技术政策》的 9.6.1 条"各级政府应制定技术、经济政策调整产品结构,淘汰高污染日光灯管,鼓励建立废日光灯管的收集体系和资金机制"和 9.6.2 条"加强废日光灯管产生、收集和处理处置的管理,鼓励重点城市建设区域性的废日光灯管回收处理设施,为该区域的废日光灯管的回收处理提供服务"。

1.2.3.2 危险废物鉴别体系

2016 年 8 月 1 日,环境保护部修订的《国家危险废物名录》正式开始实施,名录中列出了我国主要的含汞废物的来源和危险特性(表 1-10)。

表 1-10 国家危险废物名录中列出的含汞废物来源和特性

行业来源	废物代码	危险废物	危险特性
天然气开采	072-002-29	天然气除汞净化过程中产生的含汞废物	T
常用有色金属矿采选	091-003-29	汞矿采选过程中产生的尾砂和集(除)尘装置收集的粉尘	T
贵金属矿采选	092-002-29	混汞法提金工艺产生的含汞粉尘、残渣	T
印刷	231-007-29	使用显影剂、汞化合物进行影像加厚(物理沉淀)以及使用显影剂、氨氯化汞进行影像加厚(氧化)产生的废液及残渣	T
基础化学原料制造	261-051-29	水银电解槽法生产氯气过程中盐水精制产生的盐水提纯污泥	T
	261-052-29	水银电解槽法生产氯气过程中产生的废水处理污泥	T
	261-053-29	水银电解槽法生产氯气过程中产生的废活性炭	T
	261-054-29	卤素和卤素化学品生产过程中产生的含汞硫酸钡污泥	T
	265-001-29	氯乙烯生产过程中含汞废水处理产生的废活性炭	T,C

（续表）

行业来源	废物代码	危 险 废 物	危险特性
合成材料制造	265 - 002 - 29	氯乙烯生产过程中吸附汞产生的废活性炭	T，C
	265 - 003 - 29	电石乙炔法聚氯乙烯生产过程中产生的废酸	T，C
	265 - 004 - 29	电石乙炔法生产氯乙烯单体过程中产生的废水处理污泥	T
常用有色金属冶炼	321 - 103 - 29	铜、锌、铅冶炼过程中烟气制酸产生的废甘汞，烟气净化产生的废酸及废酸处理污泥	T
电池制造	384 - 003 - 29	含汞电池生产过程中产生的含汞废浆层纸、含汞废锌膏、含汞废活性炭和废水处理污泥	T
照明器具制造	387 - 001 - 29	含汞电光源生产过程中产生的废荧光粉和废活性炭	T
通用仪器仪表制造	401 - 001 - 29	含汞温度计生产过程中产生的废渣	T
非特定行业	900 - 022 - 29	废弃的含汞催化剂	T
	900 - 023 - 29	生产、销售及使用过程中产生的废含汞荧光灯管及其他废含汞电光源	T
	900 - 024 - 29	生产、销售及使用过程中产生的废含汞温度计、废含汞血压计、废含汞真空表和废含汞压力计	T
	900 - 452 - 29	含汞废水处理过程中产生的废树脂、废活性炭和污泥	T

　　2007 年环境保护部修订了《危险废物鉴别标准》，包括《危险废物鉴别标准　腐蚀性鉴别》(GB 5085.1—2007)、《危险废物鉴别标准　急性毒性初筛》(GB 5085.2—2007)、《危险废物鉴别标准　浸出毒性鉴别》(GB 5085.3—2007)、《危险废物鉴别标准　易燃性鉴别》(GB 5085.4—2007)、《危险废

物鉴别标准　反应性鉴别》(GB 5085.5—2007)、《危险废物鉴别标准　毒性物质含量鉴别》(GB 5085.6—2007)、《危险废物鉴别标准　通则》(GB 5085.7—2007)，并同时出台了《危险废物鉴别技术规范》(HJ/T 298—2007)。其中《危险废物鉴别标准　浸出毒性鉴别》(GB 5085.3—2007)规定废物浸出液中汞浓度超过 0.1 mg/L 的则判定为固体废物是具有浸出毒性特征的危险废物。

对不明确是否具有危险特性的固体废物，应当按照国家规定的危险废物鉴别标准和鉴别方法予以认定。经鉴别具有危险特性的，属于危险废物，应当根据其主要有害成分和危险特性确定所属废物类别，并按代码"900 - 000 -　××"(××为危险废物类别代码)进行归类管理。经鉴别不具有危险特性的，不属于危险废物。

1.2.3.3　许可证管理和转运要求

从事含汞废物收集、运输、储存、处置均须遵守《固体废物污染环境防治法》《危险废物经营许可证管理办法》和《危险废物转移联单管理办法》的相关要求。

1) 许可证管理

在我国境内从事含汞废物收集、储存、处置经营活动的单位，应当依照《危险废物经营许可证管理办法》(中华人民共和国国务院令第 408 号)的规定，领取危险废物经营许可证。2016 年 2 月 6 日对该办法进行了修订。领取危险废物综合经营许可证的单位，可以从事含汞危险废物的收集、储存、处置经营活动。申请领取危险废物收集、储存、处置综合经营许可证，应当具备下列条件：

(1) 有 3 名以上环境工程专业或者相关专业中级以上职称，并有 3 年以上固体废物污染治理经历的技术人员。

(2) 有符合国务院交通主管部门有关危险货物运输安全要求的运输工具。

(3) 有符合国家或者地方环境保护标准和安全要求的包装工具，中转和临时存放设施、设备以及经验收合格的储存设施、设备。

（4）有符合国家或者省、自治区、直辖市危险废物处置设施建设规划，符合国家或者地方环境保护标准和安全要求的处置设施、设备和配套的污染防治设施。

（5）有与所经营的危险废物类别相适应的处置技术和工艺。

（6）有保证危险废物经营安全的规章制度、污染防治措施和事故应急救援措施。

（7）以填埋方式处置危险废物的，应当依法取得填埋场所的土地使用权。

国家对危险废物经营许可证实行分级审批颁发。危险废物经营许可证有效期届满，危险废物经营单位继续从事危险废物经营活动的，应当于危险废物经营许可证有效期届满30个工作日前向原发证机关提出换证申请。危险废物经营单位终止从事收集、储存、处置危险废物经营活动的，应当对经营设施、场所采取污染防治措施，并对未处置的危险废物做出妥善处理。

2014年2月环境保护部发布了《废氯化汞触媒危险废物经营许可证审查指南》（公告2014年第11号），适用于环境保护行政主管部门对从事废氯化汞触媒利用单位申请危险废物经营许可证（包括新申请、重新申请领取和换证）的审查。

2）含汞废物收集、转运和储存

《危险废物转移联单管理办法》适用于我国境内从事含汞废物转移活动的单位。国务院环境保护行政主管部门对全国含汞危险废物转移联单（以下简称联单）实施统一监督管理。各省、自治区、直辖市人民政府环境保护行政主管部门对本行政区域内的联单实施监督管理。含汞危险废物产生单位在转移危险废物前，须按照国家有关规定报批危险废物转移计划；经批准后，产生单位应当向移出地环境保护行政主管部门申请领取联单。

1.2.3.4　污染控制标准体系

含汞废物基本参照危险废物的管理体系和标准进行管理。在《固体法》出台后，我国针对危险废物陆续制定了一些标准，最常用的包括《危险废物焚烧污染控制标准》《危险废物填埋污染控制标准》《危险废物储存污染控制标准》《固体废物水泥窑协同处置污染控制标准》等。

含汞废物处置过程的大气中 Hg 浓度在排放标准和污染控制标准中均有规定,具体标准限值见表 1-11。

表 1-11　含汞废物处置过程参照的大气污染物排放限值

标　　准	类别	汞及其化合物排放限值(mg/m³)
大气污染物综合排放标准	有组织	0.012
	无组织	0.001 2
危险废物焚烧污染控制标准	/	0.1
锡锑汞工业污染物排放标准	汞冶炼	0.01
工业炉窑大气污染物排放标准	其他(二级)	0.01
无机化学工业污染物排放标准	汞化合物工业	0.01

在《固体法》出台后,我国针对固体废物陆续制定了一些标准,但是这些标准都是针对某一个特定的处理技术制定的。当然还有围绕这些标准的一些技术规范,但不是很全面。现在急需根据每一种危险废物的特性制定具有针对性的危险废物管理标准,包括特定废物处理处置和资源再生过程中污染物释放的控制标准,以及废物资源再生产品的污染物控制标准。

1.3　含汞废物处置国际经验借鉴、需求分析及框架建议

1.3.1　含汞废物处置国际经验借鉴

1) 对含汞废物实施分类管理

含汞废物分类管理是国外主要国家地区的共同做法。如美国依据特征、产生者、利用处置设置等方面对危险废物进行分类管理。针对危险废物特征又依据类别、风险等级、形态、产生源以及管理方式等进行分类。根据产生来源和风险度,将危险废物分为特性废物、普遍性废物、混合废物和名

录废物四类。如废电池、废灯具等列入普遍性废物类。根据每月危险废物产生量及危害程度,将产生者分为大源、小源、有条件豁免小源三类实施差别化管理。对处置设置的设计、选址、建设等也制定了严格的管理要求,实施许可证制度。

2) 对重点含汞废物实施优先管理

美国 2006 年制定并实施了国家废物最小化计划,制定了 31 种优先控制化学物质作为减量目标,汞是其 31 种优先控制化学物质中的一种。欧盟利用风险评估方法对危险废物从浓度和毒性大小两方面进行危险废物风险评估,在此基础上确定废物优先管理浓度标准。挪威 1997 年发布的政府白皮书提出至 2010 年消除或者尽可能减少 30 种危险化学品的排放,汞列入其优先消减化学品名单,消减目标为 60%。在含汞废物管理方面,各国针对不同的含汞废物实施更加明细化、具体化、针对性强的管理,如美国、欧盟等国家地区均出台实施了电池、灯具等汞含量限量要求,并实施回收管理。

3) 处理处置及资源化技术的升级

国外含汞废物处理处置技术早起以填埋为主,随着国外禁汞限汞的开展,一些落后的涉汞工艺已淘汰,含汞废物数量有所减少,同时产品中汞含量也逐步降低,对处理处置技术的要求也提高,技术也逐步成熟,到目前以自动化的资源回收技术为主。含汞废物处理处置过程中首先要考虑资源的回收利用,如美国 RCRA 规定鼓励危险废物的回收利用。废荧光灯直接破碎、切断吹扫技术以汞的回收为主,热处理法处理废电池技术中,也以金属包括汞的回收为主。

4) 对含汞废物实施全生命周期及风险管理

国外含汞废物管理实施生命周期和全过程管理理念,从产品设计阶段即考虑减少废物产生量及其危害,对产生含汞废物的生产工艺、过程、运输、储存等中间环节加以监管,降低环境风险,如欧盟管理废物的方法是基于废物预防、循环与回收利用和提高最终的处置与监控 3 项主要原则。此外降低环境风险是危险废物管理的主要目的之一,国外发达国家含汞废物管理中也贯穿这一理念,包括含汞废物生命周期和全过程管理的实施,力争把潜在的环境风险降到最低,保证含汞废物处理处置过程的环境安全性,避免产生二次污染等。

1.3.2 我国含汞废物处置差距分析

我国近些年已逐渐建立起较为完善的含汞废物管理体系,含汞废物的管理涉及多个政府部门,包括环保、安监、国土、交通、公安、住建、海关等,需要多个部门分工协作,共同管理含汞废物从产生到回收处置,最终流向产品全过程各个环节。对于含汞废物,公约要求对含汞废物实施环境无害化管理,并将通过《巴塞尔公约》含汞废物无害化技术导则形式提出具体的管理要求。我国是含汞废物产生大国,含汞废物的来源、数量、特性等存在底数不清,处理处置能力及技术缺乏等问题,管理制度也仍需完善,管理能力和水平亟待提高,废物处置设施、处置能力等还不能完全满足环境无害化管理需求。

1) 基础信息差距

我国已形成含汞废物进出口管理登记、转移运输、监督监测相关信息系统,并逐步建立国家层面的信息系统进行汇总分析。履约信息差距方面主要体现在尚未形成专门针对含汞废物产生、收集、转移、回收及处置的汞流向信息监控系统。虽然各个涉汞企业已建立起废物管理台账,并上报当地环保部门,但国家层面已建立的危险废物经营许可证上报系统以及全国汞污染源排放普查系统里上报的含汞废物及汞流向信息不全面,尚未完全覆盖公约关于信息上报的全部要求。

2) 技术差距

现有蒸馏法回收废氯化汞触媒技术及设施较为老旧,全过程密闭及负压性能有所欠缺,缺乏废气排放在线监控系统,缺乏回收、处置特殊种类灯管等的技术及设备,现有含汞荧光灯管处置能力不足。至关重要的是,目前含汞废物处理工艺基本采用以活性炭为吸附的含汞尾气处理技术,存在再生次数有限、成本高、不易监管等缺点,难以保证污染物稳定达标排放,急需切实可行的新型含汞尾气净化技术和装备。

3) 管理差距

亟需建立风险管理体系,系统开展含汞废物处理处置过程风险管理技术研究。

(1) 含汞废物处理处置过程污染风险识别技术。对含汞废物处理处置过程污染风险进行识别与鉴定,明确环境危害特征,在研究含汞废物处理处置过程污染物产生规律的基础上,结合具体工艺流程,建立污染风险识别方法,并提出环境污染特征识别指标、识别程序、识别技术方法等。

(2) 含汞废物处理处置过程风险评估方法的确定。结合典型含汞废物处理处置过程中正常条件和两种极限条件(最高温度、最低温度),结合大气扩散模式,探索典型大气污染物的累积效应,提出污染物扩散及其在土壤中的分布模式,并按照年限,如二十年、三十年、五十年预测污染物累积效应。在含汞废物堆存方面的风险评估将针对典型风险源强、影响途径、作用受体、发生概率及时效周期等影响因素进行系统研究,建立相应的风险评估的技术指标体系。并借鉴国内外已有的、先进的风险评估方法,研究适合的风险评估内容程序和方法等。

(3) 含汞废物处理处置过程污染风险评估技术体系的构建。重点针对大气汞排放及含汞废物堆存对土壤所带来的累积污染风险进行评估,并开展评估方法研究。并结合具体应用案例进行含汞废物处理处置过程污染风险评估技术体系的构建。

(4) 含汞废物处理处置过程风险控制技术的筛选和确定。根据国家当前关于环境技术管理体系建设的有关要求,针对含汞废物处理处置过程技术应用过程的环境风险控制需求,重点开展废汞触媒、含汞废渣、废荧光灯、废含汞试剂处理处置过程风险控制技术研究,从风险控制和推进污染物达标排放的角度出发,探讨了设施安全运行管理措施以及应急管理措施等。

1.3.3　我国含汞废物管理框架建议

通过研究国内外部分国家和地区先进的危险废物管理思路,选取了国外对含汞废物的管理情况在研究中进行了重点介绍,获得了很多经验和知识,对我国含汞废物管理的研究起到了极大的促进作用。在此基础上,提出我国含汞废物管理框架建议:

1) 建立含汞废物无害化管理标准体系

结合《水俣公约》和《巴塞尔公约》要求,完善我国含汞废物管理标准体系。开展汞废物阈值、处理处置相关标准、技术规范及管理指南编制等工作,从源头控制含汞废物的管理及利用处置过程中汞污染物排放。开展含汞废物分类、分级管理及风险管理体系建设,编制含汞废物处理处置过程风险识别和风险评估技术,并开展风险识别和风险评估技术筛选研究。

对含汞废物应重视其对人类健康及生态环境的累积性风险评估及管理。目前环境风险评估的研究主要集中在概率风险评估、实时后果评估和事故后果评估三个方面。应建立规范的基于风险的含汞废物管理体系,实现各个环节的无害化管理和控制。

2) 完善含汞废物产生源信息登记管理制度

结合管理需求,完善含汞废物基础信息收集工作。建立含汞废物工业产生源、利用处置登记制度,完善含汞废物产生、库存及处理处置信息管理;建立社会、家庭源含汞废物收集、利用处置体系,解决含汞灯管等社会源含汞废物收集难问题,建立相关添汞产品生产者责任延伸制度。

欧盟及各成员国强制性规定设计、生产者(进口商)和销售商的法律责任:一是要求提高含汞产品的环境友好性,禁止在市场上销售不符合有害物控制要求的含汞产品,并通过减免税等手段支持对环境无害的含汞产品,促使生产者研制低污染、无污染的含汞产品,以从源头预防和减少环境污染,降低后续处理成本;二是要求生产者建立统一的标识系统以便分类回收含汞废物;三是强制要求生产者、销售者建立含汞废物的收集机制并义务回收含汞废物如废旧电池和荧光灯等,部分国家甚至要求生产者、销售者承担收集、处理和回收利用过程中相应的费用,如德国、法国、丹麦等。

3) 提升含汞废物无害化利用处置技术能力及污染控制水平

针对我国含汞废物处理处置技术需求现状,引进国外先进的含汞废物环境无害化利用处置技术,对现有含汞废物利用及处置企业进行技术升级改造;提高含汞废物的汞利用处置率及废物中其他重金属回收利用及处置能力,提高热处理温度,保证利用处置工艺全过程在真空负压条件下进行,避免对周边环境造成汞污染。鼓励冶炼企业、汞灯管生产企业等含汞废物产生单位建设自行利用处置设施,在回收其他有价资源的同时,无害化利用或处置废物中的汞。

我国的含汞废物产生于多个行业、多个工艺,成分相当复杂,针对不同的危险废物,其处置或利用的技术也是大不相同,对专业化程度的要求特别高,企业处置或利用含汞废物的技术到底能否达到国家要求、避免造成二次污染又是需要研究的一个问题。美国等发达国家对含汞废物的风险控制采用从"产生到灭亡"全生命周期控制技术,从联邦法规、州法规和地方法规三个层次进行立体的风险管控,从含汞废物的收集、储运、分离、运输、处理处置、回收利用等环节全方位进行风险防控,避免造成生产过程中的二次污染。我国也应基于含汞废物管理和处置的实际,积极推行全过程污染控制技术和管理模式升级,确保含汞废物相关环节环境安全。

第 2 章

含汞废物处置技术与评估

本章针对我国典型含汞废物处理处置广泛应用的技术进行了系统的梳理和分析,明确了工艺流程、产污节点及生产效率、成本效益等。在此基础上,开发了含汞废物无害化处置技术评估方法,并建立了含汞废物无害化处置技术评估指标体系,同时对含汞废物处置技术开展技术评估,确定评估指标参数及其数据范围。在以上研究结果基础上,分别针对我国某废汞触媒处置企业和废荧光灯管处置企业开展了含汞废物无害化处置技术评估案例分析,优化了评估指标体系的指标种类及其参数数据范围,为我国含汞废物无害化处置技术评估提供了有力的技术支撑,同时也为我国汞履约提供了重要的技术依据。

2.1 含汞废物处置技术

目前常用含汞废物处置技术见表 2-1。

表 2-1 含汞废物处理处置常用技术

含汞废物	处理处置技术
废汞触媒	蒸馏法
	控氧干馏法

（续表）

含汞废物	处理处置技术
含汞废渣	蒸馏法
	加钙固硒焙烧法
废荧光灯	切端吹扫
	直接破碎
废含汞试剂	蒸馏回收法
	湿法回收
	固化填埋

2.1.1 废汞触媒处置技术

我国对废汞触媒的处理技术主要包括蒸馏法、控氧干馏法、流态化沸腾炉焙烧法和湿法浸出法，目前废汞触媒回收企业主要采用的是蒸馏法和控氧干馏法。

2.1.1.1 蒸馏法

蒸馏法是指先将废汞触媒进行化学预处理，使氯化汞转化为氧化汞，然后再将其置于蒸馏炉内，加热使氧化汞分解为汞蒸气，经冷凝回收金属汞。蒸馏炉包括燃气型、燃煤型和电热式等类型，该技术成熟度高，可有效回收废汞触媒中金属汞。适用于废汞触媒中汞的回收处理。

该技术可回收 95％以上的汞，排放废气中的汞浓度低于 $0.1\ mg/m^3$。该技术具有工艺简单、生产效率高，技术成熟可靠等优点，获得了广泛的应用。某再生汞企业火法蒸馏处置废汞触媒处理规模 15 000 t/年，其工程建设成本 4 500 万元，运行成本为 1 万元/t 废汞触媒。按处理 1 t 废物计，废汞触媒蒸馏法回收技术预处理阶段电耗约 $27\ kW \cdot h$、煤耗约 0.5 t。

2.1.1.2 控氧干馏法

控氧干馏法回收废汞触媒中氯化汞及活性炭工艺，其过程是利用氯化汞高温升华且其升华温度低于活性炭焦化温度的原理，在负压密闭和惰性气体气氛环境下,通过干馏实现氯化汞和活性炭同时回收。该工艺可实现氯化汞和活性炭的资源综合利用,还可有效避免回收过程中汞流失。

该技术可回收 90% 以上的氯化汞,排放废气中的汞浓度低于 0.1 mg/m³。该技术具有生产效率高,技术成熟、先进等优点,获得了广泛的应用。某再生汞企业控氧干馏法处置废汞触媒处理规模 6 000 t/年,其工程建设成本 6 500 万元,运行成本为 2.5 万元/t 废汞触媒。按处理 1 t 废物计,废汞触媒控氧干馏回收技术水耗约 3 t,煤耗约 0.15 t,电耗约 60 kW·h。

2.1.2 含汞冶炼废渣处置技术

目前,我国含汞废渣主要包括原生汞采选冶行业产生的尾矿渣、冶炼渣及废汞负渣和有色冶炼(铜、铅、锌)行业产生的熔炼渣、熔炼粉尘、含汞酸泥等。目前含汞废渣可采用蒸馏法、回转窑高温焙烧同步分离法、液态化沸腾炉焙烧法、固相电还原和湿法浸硒固汞技术等技术,目前含汞废渣处置企业主要采用的是蒸馏法。

2.1.2.1 蒸馏法

含汞冶炼废渣处理技术通常采用蒸馏法处理,先将含汞冶炼废渣进行化学预处理,再将其置于蒸馏炉内,加热使汞挥发,经冷凝回收金属汞。蒸馏炉包括燃气型、燃煤型和电热式等类型,目前该行业对废汞触媒的处置主要采用电热式蒸馏炉。该技术成熟度高,针对废渣中汞的形态可采取不同的预处理方法,可高效回收废渣中金属汞。对于含有不同有价金属的废渣,可保留原渣中除汞外其他金属成分,便于资源的综合利用。该技术适用性很强,适用于各类含汞废渣的处理处置。

含汞废渣蒸馏技术控制蒸馏温度在 650~700 ℃,既保证了废渣中含汞化合物的挥发,又保留了铅、锌等成分基本不变。该技术可回收 97% 以上的汞,排放废气中的汞浓度低于 0.1 mg/m³。该技术具有工艺简单、生产效率高,技术成熟可靠等优点,获得了广泛的应用。某再生汞企业火法蒸馏处置含汞废渣处理规模 1 500 t/年,其工程建设成本 860 万元,运行成本为 4 万元/t 含汞废渣。按处理 1 t 废物计,含汞冶炼废渣回收技术电耗约 1 700 kW·h。

2.1.2.2　加钙固硒焙烧法

加钙固硒焙烧法处理含汞废渣,是通过添加石灰调节含汞废渣酸度,然后进行焙烧冷凝后通过粗汞提纯变成汞蒸气进行含汞回收,同时硒渣通过球磨浸出粗硒,再进行酸化回收精硒的过程。该技术可实现有色金属冶炼企业含汞酸泥的内部回收利用,同时回收汞蒸气和精硒产品。

2.1.3　废含汞试剂处置技术

由于废含汞试剂种类多,处置方法也较多,总体上可分为固化填埋法、湿法处理。固化填埋法适用于所有废含汞试剂的处置,但成本较高。湿法处置是采用物理化学法将废含汞试剂转化为氧化汞、硫化汞或直接分离汞的技术。

2.1.3.1　蒸馏回收法

废含汞试剂的回收处理处置技术,是根据不同废含汞试剂性质,采用过滤、蒸馏等提纯方法对其中含汞试剂进行回收。该技术处置成本低,处置过程中产生二次污染小,资源再生利用率高。该技术适用于废单质汞、易溶于酸类汞盐等废含汞试剂的处理处置。

2.1.3.2　湿法回收法

湿法处理废含汞试剂主要消耗物料为酸、碱和水,其用量根据废化学试剂中汞浓度而定。废含汞试剂湿法处理技术按所含化学试剂性质不同,处理工艺有所不同。该技术主要消耗物料为酸、碱和水,其用量根据废试剂中汞浓度而定。废含汞试剂的湿法处置技术能够将对应的废含汞试剂有效回收,且其投资小、操作方便,具有较好的经济价值。但由于废含汞试剂汞含量高、危害性大,在生产过程中应着重加强安全运行管理和汞的防护等。

2.1.3.3　固化填埋法

该技术是以水泥固化为主、药剂为辅的综合稳定化处理工艺。将化学试剂、稳定药剂(有机硫化物)以及水泥或焚烧残渣按比例混合,经混合搅拌槽搅拌后,砌块成型并进行安全填埋。经固化处理后所形成的固体,应具有较好的抗浸出性、抗渗性、抗干湿性和抗冻融性,同时具有较强的机械强度等特性。适用于所有废含汞试剂的处理处置。

捣实新鲜混凝土出料量 1 000 L,干料进料量 1 600 L,最大骨料体积(碎石、圆石)40/60 mm(直径),理论生产率 10 m³/h,搅拌时间 6～8 min。成型砌块养护时间 7～8 d,养护过程中洒水频率 1 次/4 h。固化/填埋处理处置过程中主要产生废气。车间内配收尘系统及活性炭吸附设备对车间无组织排放气体进行净化,无废水产生,但固化成型后需在指定填埋场进行安全填埋,会产生渗滤液,存在二次污染的风险。

该技术具有适用性强、操作简单等优点,但也存在着固化体二次污染风险,同时投资大、运行成本较高。以某稳定处理、固化成型装置为例,工程总投资 900 万元,运行中电耗约 136 kW·h/t 废物,水耗约 2 t/t 废物,砂子 20 t/t 废物,水泥 4 t/t 废物。如为单质汞需稳定药剂 1.5 t/t 废物,药剂成本 2 万元/t 废物。

2.1.4　废荧光灯处置技术

虽然我国已经把含汞废旧灯管和灯泡列入有害物质,在 2001 年 12 月颁布的危险废物污染物防治技术政策中明确规定:各级政府应加强废日光灯管产生、收集和处理处置的管理,鼓励重点城市建设区域性的废日光灯管回收处理设施。但是由于相关环保法律法规实施不够到位,废荧光灯回收体系不完善,再生利用技术复杂,导致废荧光灯灯管的回收利用率很低。目前我国废荧光灯处置方式主要包括以下几种:①直接露天堆放;②作为生活垃圾,进行填埋或焚烧;③回收利用法。进入生活垃圾填埋场和垃圾焚烧厂的废荧光灯具有较大的环境风险。我国也有几家废荧光灯管回收企业,主要采取直接破碎、切端吹扫等技术。

2.1.4.1　切端吹扫分离法

该技术是指先将直管荧光灯的两端切掉,再吹入高压空气将含汞的荧光粉吹出后收集,然后通过蒸馏装置回收汞。该技术可有效回收利用稀土荧光粉,其生成汞的纯度为 99.9%,但投资较大,且只适合于单一荧光灯的处理,应用面窄。该技术适用于直管荧光灯的处理处置。

切端吹扫处理技术主要产生废气、固体废物和噪声。废气主要为破碎、蒸馏工序中产生的含汞废气,废气中主要污染物包括总汞和颗粒物等。固体废物为蒸馏后的不可再利用的荧光粉、废气吸附用活性炭等。

该技术可有效回收利用稀土荧光粉,其生成汞的纯度为 99.9%,但投资较大,且只适合于单一荧光灯的处理,应用面窄。该技术适用于直管荧光灯的处理处置。根据企业实际调研,该技术设备需进口,一次性投资大,设备总投入约 800 万元,处置能力 1 500 支/h。运行成本主要为电耗,每吨废物约 800 kW·h。

2.1.4.2　直接破碎分离法

该技术是指将灯管整体粉碎分选后,经蒸馏回收汞。该技术工艺结构紧凑、占地面积小、投资省,但因含玻璃粉,荧光粉纯度不高,较难被再利用。该技术适用于所有规格荧光灯的处理处置。

根据企业实际调研,该技术一次性投资大,工程总投资约 2 800 万元,设备总投入约 850 万元,处置能力 130 万支/年,按处理 1 t 废物计,直接破碎分离技术消耗电 500 kW·h,活性炭每年更换 2~3 次。

2.1.5　含汞废物处置过程的污染控制技术

2.1.5.1　大气污染控制技术

1) 空气冷凝法

该技术通过冷凝法净化含汞废气,常作为吸收法的前处理。使用冷凝器(空气冷凝)作为一级净化设备,活性炭吸附器作为二级净化设备,经过先冷凝后吸附的二级净化后,尾气含汞浓度达到国家排放标准。该技术工艺流程简单,易管理,仅用于含汞废气的前端处理工艺。该技术适用于净化高浓度的汞蒸气的预处理。

2）活性炭吸附法

该技术是利用活性炭内部孔隙结构发达、比表面积大、吸附能力强的特性对汞进行吸附。为了提高吸附效率，也可以用活性炭为基炭，加入与汞有强亲和力的元素，如载银活性炭、载硫活性炭等。该技术吸附效率高，可与袋式除尘器联合使用，进一步提高吸附效率，会产生新的含汞活性炭。该技术适用于含汞废气的处理。含汞活性炭需要进一步处理处置。

3）溶液吸收法

该技术是使用高锰酸钾或次氯酸钠溶液吸收汞蒸气，高锰酸钾可迅速将汞蒸气转为氧化汞沉淀，次氯酸钠可迅速将汞蒸气转为汞离子并与氯离子生成氯汞络离子。该方法一般与活性炭吸附法联合使用，提高汞去除率的稳定性。该技术净化效率较高，但两种药剂都存在自分解和汞的二次处理问题。该技术适用于低浓度含汞废气的处理。

4）袋式除尘技术

该技术是指通过设置障碍物实现烟气中粉尘的分离。当烟气通过袋式除尘器时，烟气中的含汞固体颗粒物被袋式除尘器捕集。该技术除尘可有效处理宽浓度范围的物料，收集的粉尘可在工艺中再使用。可以取得高收集效率，除尘总效率一般在99％以上。该技术适用于含汞废物处置过程中颗粒物及粉尘的处理处置，可协同脱除烟气中颗粒态汞。

5）等离子体技术

该技术是通过高电压冲击电流发生装置在气相中放电，在此过程中强大的电流在极短的时间（1×10^{-7} s）向放电通道通入，形成电子雪崩，由此引起电子温度剧烈变化（104～105 K）。因此，放电通道内完全由稠密的等离子体所充满，且产生羟基自由基、臭氧和紫外线，实现汞的氧化，并和有害成分以及添加成分通过键重组达到捕捉和去除的目的。该技术具有处置效率高、无二次污染，且可实现汞的成盐捕捉，便于回收利用等特点。但该技术一次性投资大。该技术适用于含汞废物处置过程中含汞废气的处理。

2.1.5.2 水污染控制技术

含汞废物处理处置产生的废水在常规处理和深度处理后，应循环使用。

1) 絮凝沉淀法

该技术是指在含汞废水中加入絮凝剂(石灰、铁盐、铝盐等),在 pH 值为 8～10 的弱碱性条件下,形成氢氧化物絮凝体,使汞沉淀析出。该技术可使出水含汞浓度降到 0.05～0.1 mg/L,除汞效率约为 90%。该法通常产生大量含水率高的污泥难以处置,不利于汞的回收。该技术适用于处理含汞量较低和浑浊度较高的废水,或对浑浊度高的含汞废水做澄清预处理。

2) 硫化物沉淀法

该技术是指在含汞废水中投加碱性物质及过量的硫化物(硫化钠、硫化镁等),在弱碱性条件下,利用 Hg^{2+} 与 S^{2-} 强烈的亲和力,生成硫化汞沉淀而去除溶液中的汞。该技术工艺流程短,设备简单,原料来源广泛,处置费用低。但在硫化物过量时会形成可溶性汞硫络合物,且硫化物过量程度的监测较困难,处理后出水的残余硫产生二次污染问题。该技术适用于高浓度含汞废水的处理处置。

3) 活性炭吸附法

该技术是指采用活性炭作为吸附剂,有效吸附废水中的汞,废水中含汞浓度高时,可先进行硫化沉淀或混凝沉淀法处理,降低废水汞浓度后再用活性炭吸附。该技术可使出水含汞浓度降到 0.05 mg/L。该技术适用于低浓度(一般不超过 5 mg/L)含汞废水的处理,常与其他含汞废水技术组合使用。

4) 金属还原法

该技术是根据电极电位理论,利用铁、铜、锌、铝、镁、锰等电极电位低的金属(屑或粉)从废水中置换汞离子。该技术处理含汞废水较好,价格低,反应快。但脱汞不完全,需和其他方法结合使用。该技术适用于处理成分单一的含汞废水,其反应速率较高,可直接回收金属汞。铁粉适用于处理酸度为 3%～5% 的含汞废水,锌还原的有效 pH 值范围为 5～10,铜屑还原多用于酸度较高的溶液,出水含汞均可降至 0.05 mg/L。

5) 离子交换法

该技术是根据汞在废水中以汞的阳离子(Hg^{2+})、阴离子络合物($HgCl_4^{2-}$)和金属汞(Hg)等形式存在,将液相与含有颗粒状或球状的特种树脂床层相接触使汞脱除。该技术对汞的吸附量一般因原水汞的浓度和处理后水质要求而异。该技术处理工业废水,适用于浓度低而排放量大的含汞废水,常配合硫化法和混凝沉淀法作为二级水处理。

6) 电解法

该技术是将含汞废水置于电解槽内,在直流电作用下,汞化合物在阳极分解成汞离子,汞离子在阴极附近放电还原成金属汞沉积,从而使废水净化并回收金属汞。该技术管理简单,处理效率高,但电耗大,投资高,电解时浓度高易产生汞蒸气,形成二次污染。该技术适用于无机汞废水的处理。

7) 连续硫化-絮凝沉淀法

该技术是将硫化氢反应器产生的硫化氢通过导管进入含汞废水中,利用硫化氢气体与射流工艺、连续曝气、絮凝沉淀集成技术将废水中汞脱除的技术。该技术可实现汞快速脱除,脱除效率高,固液分离效果好。该技术适用于高酸度混合含汞废水、酸性含汞废水的处理。

2.1.5.3　固体废物污染控制技术

含汞废物利用处置过程产生的固体废物属于一般工业固体废物的,应进行综合利用,不能综合利用的,按一般工业固体废物进行处置。有再利用价值的固体废物,应首先考虑综合利用。应最大限度对汞进行回收利用,在含汞废物同时含有汞、锌、铅等重金属时,综合利用应遵从优先进行汞回收的原则。

含汞废物利用处置过程产生的固体废物属于危险废物的,按危险废物进行处置:①汞回收处理后的冶炼废渣仍含有铅等重金属的,应进一步交由具有资质的处置机构回收处置;②废气、废水吸附用废活性炭按照危险废物进行管理。

2.2　含汞废物处置技术评估

2.2.1　含汞废物处置技术评估方法

目前,我国环境技术的评估方法主要有专家评估、经济分析、运筹学评价和综合评价等四类。不过近年环境管理实践表明,目前我国的环境技术筛选与评价体系尚不健全,评估方法还不完善,尤其对环境科技创新的支撑能力不足,无法满足未来环保产业发展的需要。

环境技术评估(Environmental Technology Verification, ETV)是由美国环境保护署(USEPA)创建的一套程序和方法。通过客观的、高质量的数据,按照统计学的方法来评估创新的商业化技术,从而为潜在的用户提供一个可信的评估,以供其对环境技术进行选择和决策时作参考。通过 ETV 计划,可以定量地了解环境技术的真实水平,提高技术的可信度和市场竞争力。目前,美国、加拿大、欧盟、日本、韩国、菲律宾等国家先后发起并实施了 ETV 项目,针对环保各个领域开展了 1 000 多项技术认证。

ETV 评估技术的主要特征如下:

(1) 客观评估技术的性能特征,不对其进行比较和排序。

(2) 主要针对已市场化或准备好市场化的技术,不评估处在实验室阶段的技术。

(3) 实施第三方认证。认证组织从公共或民间机构中选择。

(4) 采用试点方法扩展试点技术领域的范围。试点的最终目的是设计和实现一个通用的认证方法和程序。

(5) 对每一个技术领域,EPA 建立唯一的认证组织机构。

(6) 初期由政府支付费用逐步转向申请者支付。

(7) 为树立其权威性和加速技术的推广,逐步与环境技术许可证发放结合起来。

国外 ETV 评估程序如下,①预审阶段:要进行评估的技术,必须是环境技术,技术声明必须符合国家最低标准/国家技术指导标准,并应是已经商业化或即将商业化的技术;②评估阶段:评估单位将对申请者提供的有关信息及数据进行审查,如需补充有关信息和数据,应由获得许可的单位进行独立的技术测试,补充所需的数据。评估审查单位将修改后的报告递交 ETV 公司进行复查;③授予阶段:ETV 公司对审批通过的环境技术准备技术说明表、评估报告和评估证书。其 ETV 体系架构如图 2-1 所示。

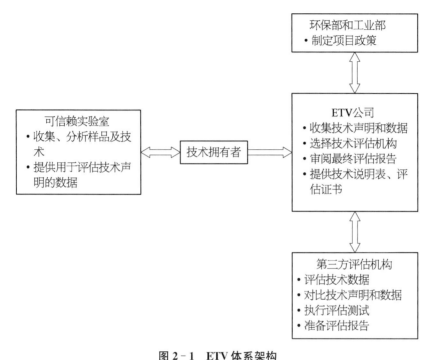

图 2 - 1 ETV 体系架构

因此,我国含汞废物处置技术评估选用以上 ETV 评估方法,构建 ETV 评估指标体系,并开展典型含汞废物无害化处置技术评估。

2.2.2 含汞废物处置技术评估指标分类

针对我国含汞废物处置技术的特点开展我国含汞废物处置技术 ETV 体系评估指标分类,根据 ETV 评估体系的需要,可将其分为环境效果指标、维护管理指标、运行工艺指标三类。

1) 环境效果指标

环境效果指标是用来表征环境技术的污染物处理效果的参数,是环境技术验证测试的主要内容,分为通用参数和特征参数。环境效果参数是必须验证的测试参数,而且是必须通过验证测试获得的。环境效果参数由评估测试机构与技术申请方协商确定。

(1) 通用参数。对于某一类环境技术,表征其环境处理效果共同性的环境效果参数,如渣含汞、废水循环利用率等。通用参数由技术申请者和验证机构协商确定。

(2) 特征参数。对于某一项具体的环境技术,由技术申请者自我申明的,表征该项技术特异性处理效果的环境效果参数。特征参数由技术申请者和验证机构协商确定。

2) 维护管理指标

维护管理指标是维持环境技术正常运行及日常维护的参数,如经济成本、操作的难易程度等,主要用来衡量技术的运营和维护性能。维护管理参数属于必须验证的测试参数,此类参数的获取主要通过记录和统计方式获取。维护管理参数由评估测试机构与技术申请方协商确定。

3) 运行工艺指标

运行工艺指标是直接对环境技术稳定运行及污染物处理效果产生影响的工艺参数。运行工艺参数是必须验证的测试参数,且一般不少于两项,主要通过测试的方式获取。运行工艺参数由评估测试机构与技术申请方协商确定。

2.2.3　含汞废物处置技术评估指标构建

2.2.3.1　废汞触媒处置技术评估指标体系

废汞触媒处置应用广泛的技术是蒸馏法和控氧干馏法。主要针对以上两种技术开展废汞触媒无害化处置技术评估指标体系构建。一级指标包括环境效果指标、维护管理指标和运行工艺指标。

1) 环境效果指标

废汞触媒蒸馏法的环境效果指标包括汞总回收率、烟气除尘率、渣含汞、废水循环利用率及汞排放总量。废汞触媒控氧干馏法的环境效果指标包括汞总回收率、渣含汞、废水循环利用率。

根据相关企业调研,依据其环评报告及可研报告等材料,结合物料平衡图等资料,这两种技术的汞总回收率可达到 97% 以上,渣含汞可降低至

0.02％以下,这两类指标可选为通用型参数,其中汞总回收率为处置效果指标,归类为技术性能指标(A),如果将来出现商业化应用的湿法冶金技术,则这两项指标应改为特征型参数。同时以上两种技术均可实现废水循环利用率达 90％以上,该参数可归为通用型参数(A)。

废汞触媒蒸馏法的生产规模较大,每年外排的汞总量也较大,需要进行汞总量控制,该指标归类为特征性指标,根据相关企业资料调研,确定其汞排放总量控制为不大于 0.015 t/年。

烟气除尘率也是废汞触媒蒸馏法应考虑的重要指标,近年来,多数企业采用布袋除尘器进行烟气除尘处理,其除尘率可达 99％以上,同时依据企业近几年的烟气测试报告,确定烟气除尘率指标为大于 99％。由于控氧干馏法生产规模较小,烟气中含尘量较低,因此不将其作为环境效果指标。

2) 维护管理指标

维护管理指标主要包括经济性指标、设备管理及自动化控制指标和社会可接受性指标。根据相关企业调研结果,确定废汞触媒蒸馏法的建设成本为 4 500 万元(废汞触媒处理规模 15 000 t/年),运行成本为 1 万元/t 废汞触媒;废汞触媒控氧干馏法的建设成本为 6 500 万元(废汞触媒处理规模 6 000 t/年),运行成本为 2.5 万元/t 废汞触媒。

这两种技术的设备设施操作较容易、监管方便,相关工艺指标的控制可实现自动化控制,部分环节需要人工操作,总体上其自动化控制水平处于中等水平。

这两种技术属于危险废物处置领域,均属于环保技术,得到相关国家政策的支持,同时技术成熟,选址也较为容易,因此,其政策许可程度、选址及技术获取水平这三项指标均为高。

由于废汞触媒蒸馏法的生产规模较大,对周围环境可能产生较大影响,社会公众接受程度为中。

3) 运行工艺指标

运行工艺指标主要包括水、电、煤及原材料消耗指标和运行参数等,根据相关资料和企业调研情况,确定这两种技术的运行工艺指标及参考数据。

废汞触媒处置工艺技术评价指标表见表 2-2。

表 2-2　废汞触媒处置工艺技术评价指标

评 价 指 标		参考数据	评估类型
环境效果指标——通用参数			
蒸馏法、控氧干馏法	废水循环利用率	＞90％	A
	渣含汞	＜0.02％	B
	汞总回收率	＞97％	A
环境效果指标——特征参数			
蒸馏法	汞排放总量控制	＜0.015 t/年	B
	烟气除尘率	＞99％	B
维护管理指标			
蒸馏法	建设成本(废汞触媒处理量 15 000 t/年)	4 500 万元	C
	运行成本(每吨废触媒处理成本)	1 万元	C
	处置设施的易操作性	高	A
	监管手段可实现性水平	高	A
	自动化控制水平	中	A
	公众接受程度	中	D
	政策许可程度	高	D
	选址获取水平	高	D
	技术获取水平	高	D
控氧干馏法	建设成本(废汞触媒处理量 6 000 t/年)	6 500 万元	C
	运行成本(每吨废触媒处理成本)	2.5 万元	C
	处置设施的易操作性	高	A
	监管手段可实现性水平	高	A
	自动化控制水平	中	A
	公众接受程度	高	D
	政策许可程度	高	D
	选址获取水平	高	D
	技术获取水平	高	D

（续表）

评价指标		参考数据	评估类型
运行工艺指标			
蒸馏法	水耗	50 t/t 废触媒	A
	煤耗	0.5 t/t 废触媒	A
	电耗	400 kW·h/t 废触媒	A
	蒸馏温度	600～800 ℃	A
	蒸馏时间	8 h	A
	预处理温度	100 ℃	A
控氧干馏法	水耗	3 m³/t 废触媒	A
	电耗	60 kW·h/t 废触媒	A
	煤耗	0.15 t/t 废触媒	A
	综合能耗	0.25 t/t 废触媒	A

2.2.3.2　含汞废渣处置技术评估指标体系

含汞废渣中废汞氲渣处置技术成熟,实用性强、应用广泛的技术是蒸馏法,该方法适用于废汞氲渣、含汞酸泥及其他含汞较高的含汞废渣的处理处置。主要针对上述技术开展含汞废渣无害化处置技术评估指标体系构建。一级指标包括环境效果指标、维护管理指标和运行工艺指标。

1) 环境效果指标

含汞废渣蒸馏法的环境效果指标包括汞总回收率、烟气汞去除率、渣含汞、废水循环利用率。

根据相关企业调研,依据其环评报告及可研报告等材料,结合物料平衡图、水平衡图等资料,废水循环利用率达 90% 以上,可选为通用型参数(A),蒸馏法处置技术渣含汞可降低至 0.02% 以下、汞总回收率可达到 95% 以上,分别将这两个指标归为特征参数,其中汞总回收率为技术性能指标(A)。

烟气汞去除率是含汞废渣蒸馏法应考虑的重要指标,经烟气冷凝、吸收、吸附净化后,烟气汞去除率达 90％以上。依据企业近几年的烟气测试报告,确定烟气汞去除率指标为大于 90％。

2）维护管理指标

维护管理指标主要包括经济性指标、设备管理及自动化控制指标和社会可接受性指标。根据相关企业调研结果,确定含汞废渣蒸馏法的建设成本为 860 万元(含汞废渣处理规模 1 500 t/年),运行成本为 4 万元/t 含汞废渣。

该技术的设备设施操作较容易、监管方便,蒸馏法相关工艺指标的控制可实现自动化控制,部分环节需要人工操作,该技术其自动化控制水平处于中等水平。

该技术属于危险废物处置领域,生产规模较小,对环境影响小,得到相关国家政策的支持,同时技术成熟,选址也较为容易,因此,其公众接受程度、政策许可程度、选址及技术获取水平这四项指标均为高。

3）运行工艺指标

运行工艺指标主要包括水、电、原材料消耗指标和运行参数等,根据相关资料和企业调研情况,确定该技术的运行工艺指标及参考数据。

含汞废渣处置工艺技术评价指标表见表 2-3。

表 2-3　含汞废渣处置工艺技术评价指标

评价指标		参考数据	评估类型
环境效果指标——通用参数			
蒸馏法	废水循环利用率	＞90％	A
环境效果指标——特征参数			
蒸馏法	烟气汞去除率	＞90％	B
	渣含汞量	＜0.02％	B
	汞总回收率	＞95％	A
维护管理指标			
蒸馏法	建设成本(含汞废渣处理量 1 500 t/年)	860 万元	C

（续表）

评价指标		参考数据	评估类型
蒸馏法	运行成本(每吨含汞废渣处理成本)	4 万元	C
	处置设施的易操作性	高	A
	监管手段可实现性水平	高	A
	自动化控制水平	中	A
	公众接受程度	高	D
	政策许可程度	高	D
	选址获取水平	高	D
	技术获取水平	高	D
运行工艺指标			
冶炼蒸馏法	水耗	0.5 t/t 废物	A
	电耗	1 700 kW·h/t 废物	A
	蒸馏温度	800 ℃	A
	蒸馏时间	>65%	A

2.2.3.3 废含汞试剂处置工艺技术评价指标体系

废含汞试剂处置应用广泛的技术是湿法处置技术和固化/填埋技术。主要针对以上两种技术开展废含汞试剂无害化处置技术评估指标体系构建。一级指标包括环境效果指标、维护管理指标和运行工艺指标。

1) 环境效果指标

废含汞试剂固化/填埋技术的环境效果指标包括单质汞需稳定药剂、废水循环利用率。废含汞试剂湿法处置技术的环境效果指标包括汞总回收率、废水循环利用率。

根据相关企业调研,依据其环评报告及可研报告等材料,结合物料平衡图、水平衡图等资料,废水循环利用率为 80%～90%,可选为通用型参数(A),固化/填埋技术单质汞需稳定药剂 1.5 t/t 废试剂,湿法处置技术汞总回收率可达到 95%以上,分别将这两个指标归为特征参数,其中汞总回收率为技术性能指标(A)。

2) 维护管理指标

维护管理指标主要包括经济性指标、设备管理及自动化控制指标和社会可接受性指标。根据相关企业调研结果,确定废含汞试剂固化/填埋技术的建设成本为 900 万元(废含汞试剂处理规模 15 000 t/年),其运行成本较高,主要是因为固化体为危废,其填埋成本高;废含汞试剂湿法处置技术的处理规模较小,一般为 25 t/年左右,其建设成本、运行成本均较低。

废含汞试剂固化/填埋技术处置设施不易操作,监管手段容易实现,可实现全自动化操作。该技术选址比较容易,但由于其仅是将污染物固化在水泥固化体中,并没有完全去除,在填埋过程中存在一定的环境风险隐患,并且生产规模较大,因此,其公众接受程度、政策许可程度、技术获取水平这三项指标均为中等。

废含汞试剂湿法处置技术处置设施容易操作,监管手段容易实现,其中的相关工艺指标控制可实现自动化控制,部分环节需要人工操作,该技术其自动化控制水平处于中等水平。该技术属于危险废物资源化回收技术,生产规模较小,对环境影响小,得到相关国家政策的支持,同时技术成熟,选址也较为容易,因此,其公众接受程度、政策许可程度、选址及技术获取水平这四项指标均为高。

3) 运行工艺指标

运行工艺指标主要包括水、电、原材料消耗指标和运行参数等,根据相关资料和企业调研情况,确定这两种技术的运行工艺指标及参考数据。

废含汞试剂处置工艺技术评价指标表见表 2 - 4。

表 2 - 4　废含汞试剂处置工艺技术评价指标

评 价 指 标	参考数据	评估类型
环境效果指标——通用参数		
废水循环利用率	80%～90%	A
环境效果指标——特征参数		

（续表）

	评价指标	参考数据	评估类型
固化填埋法	单质汞需稳定药剂	1.5 t/t 废物	B
湿法处理法	汞回收率	＞95％	A
维护管理指标			
固化填埋法	建设成本(废含汞试剂处理量 15 000 t/年)	900 万元	C
	运行成本(每吨废含汞试剂处理成本)	按危废填埋成本较高	C
	处置设施的易操作性	低	A
	监管手段可实现性水平	高	A
	自动化控制水平	高	A
	公众接受程度	中	D
	政策许可程度	中	D
	选址获取水平	高	D
	技术获取水平	中	D
湿法处理法	建设成本(废含汞试剂处理量 25 t/年)	/	C
	运行成本(每吨废含汞试剂处理成本)	成本较低	C
	处置设施的易操作性	高	A
	监管手段可实现性水平	高	A
	自动化控制水平	中	A
	公众接受程度	高	D
	政策许可程度	高	D
	选址获取水平	高	D
	技术获取水平	高	D
运行工艺指标			
固化填埋法	电耗	136 kW·h/t 废物	
	捣实新鲜混凝土出料量	1 000 L	A

（续表）

评 价 指 标		参考数据	评估类型
固化填埋法	干料进料量	1 600 L	A
	理论生产率	10 m³/h	A
	搅拌时间	6～8 min	A
	成型砌块养护时间	7～8 d	A
	养护过程中洒水频率	1 次/4 h	A
	电耗	136 kW·h/t 废物	A
	水耗	2 t/t 废物	A
	砂子消耗	20 t/t 废物	A
	水泥消耗	4 t/t 废物	A
湿法处理法	试剂汞 5%硝酸洗涤	500 L/t 汞	A
	试剂汞 水耗	1 t/t 汞	A
	硝酸汞 加入氢氧化钠	过量 10%～15%	A
	硝酸亚汞 酸化水	/	A
	硝酸亚汞 加入氢氧化钠	过量 10%～15%	A

2.2.3.4 废荧光灯管处置工艺技术评价指标体系

废荧光灯管处置应用广泛的技术是切端吹扫分离技术、直接破碎分离技术、湿法处置技术，主要针对以上三种技术开展废荧光灯管无害化处置技术评估指标体系构建。一级指标包括环境效果指标、维护管理指标和运行工艺指标。

1）环境效果指标

废荧光灯管直接破碎法和切断吹扫法的环境效果指标包括汞总回收率、废气汞去除率、荧光粉纯度、废水循环利用率。废荧光灯管湿法处置的环境效果指标包括汞总回收率、废气尘率、荧光粉纯度、废水循环利用率。

根据相关企业调研，依据其环评报告及可研报告、测试报告等材料，结合物料平衡图、水平衡图等资料,废水循环利用率在 90％以上,汞总回收率 80％～95％,均可选为通用型参数(A),直接破碎法处置技术荧光粉纯度大于 60％,废气汞去除率大于 90％,切断吹扫法技术荧光粉纯度大于 99％,废气汞去除率大于 90％,湿法处置技术荧光粉纯度大于 80％,废气尘率小于 1.5％,分别将以上指标归为特征参数,其中荧光粉纯度为技术性能指标(A)。

2) 维护管理指标

维护管理指标主要包括经济性指标、设备管理及自动化控制指标和社会可接受性指标。根据相关企业调研结果,确定废荧光灯管直接破碎法的建设成本为 550 万～800 万元(每套设备总投入),运行成本较低;废荧光灯管切断吹扫法的建设成本为 600 万～800 万元(每套设备总投入),运行成本较高;废荧光灯管湿法处置的建设成本为 250 万元(每套设备总投入),运行成本 2 800 元/t 废灯管。

废荧光灯管直接破碎法处置技术处置设施易操作,监管手段容易实现,可实现全自动化操作。该技术选址比较容易,技术成熟容易获取,但其存在一定的环境风险,其公众接受程度、政策许可程度为中等。

废荧光灯管切断吹扫法处置技术处置设施不易操作,监管手段容易实现,可实现全自动化操作。该技术选址比较容易,技术要求较高,不易获取,且其存在一定的环境风险,其公众接受程度、政策许可程度、技术获取水平为中等。

废荧光灯管湿法处置技术处置设施不易操作,监管手段容易实现,部分工艺可实现自动化操作,该技术自动化水平为中。该技术选址比较容易,技术成熟,其公众接受程度、政策许可程度、选址及技术获取水平为高。

3) 运行工艺指标

运行工艺指标主要包括水、电、原材料消耗指标和运行参数等,根据相关资料和企业调研情况,确定这两种技术的运行工艺指标及参考数据。

废荧光灯管处置工艺技术评价指标见表 2－5。

表 2-5　废荧光灯管处置工艺技术评价指标

评 价 指 标		参考数据	评估类型
环境效果指标——通用参数			
直接破碎、切断吹扫、湿法处理	汞回收率	80%～95%	A
	废水循环利用率	>90%	A
环境效果指标——特征参数			
直接破碎法	荧光粉纯度	>60%	A
	废气汞去除率	>90%	B
切端吹扫法	荧光粉纯度	>99%	A
	废气汞去除率	>90%	B
湿法处理	荧光粉纯度	>80%	A
	废气尘率	<1.5%	B
维护管理指标			
直接破碎法	建设成本(每套设备总投入)	550万～800万元	C
	运行成本(每吨废荧光灯管处理成本)	较低	C
	处置设施的易操作性	高	A
	监管手段可实现性水平	高	A
	自动化控制水平	高	A
	公众接受程度	中	D
	政策许可程度	中	D
	选址获取水平	高	D
	技术获取水平	高	D
切端吹扫法	建设成本(每套设备总投入)	600万～800万元	C
	运行成本(每吨废荧光灯管处理成本)	较高	C
	处置设施的易操作性	低	A
	监管手段可实现性水平	高	A
	自动化控制水平	高	A
	公众接受程度	中	D
	政策许可程度	中	D

（续表）

评 价 指 标		参考数据	评估类型
切端吹扫法	选址获取水平	高	D
	技术获取水平	中	D
湿法处理法	建设成本(每套设备总投入)	250 万元	C
	运行成本(每吨废荧光灯管处理成本)	2 800 元	C
	处置设施的易操作性	中	A
	监管手段可实现性水平	高	A
	自动化控制水平	中	A
	公众接受程度	高	D
	政策许可程度	高	D
	选址获取水平	高	D
	技术获取水平	高	D
运行工艺指标			
直接破碎法	蒸馏温度	350~675 ℃	A
	蒸馏时间	12~16 h	A
	蒸馏罐压力	7×10^6 Pa	A
	电耗	800 kW·h/t 废物	A
	活性炭	100 kg·t/kg 汞	A
切端吹扫法	蒸馏温度	350~675 ℃	A
	蒸馏时间	12~16 h	A
	压缩空气压力、流量	6.5×10^5 Pa/min, 约 250 L/min	A
	电耗	800 kW·h/t 废物	A
湿法处理法	水耗	10 t/kg 汞	A
	活性炭	100 kg/kg 汞	A

2.2.4　含汞废物处置技术评估程序及体系

2.2.4.1　含汞废物处置技术评估程序

验证测试工序如图 2-2 所示。

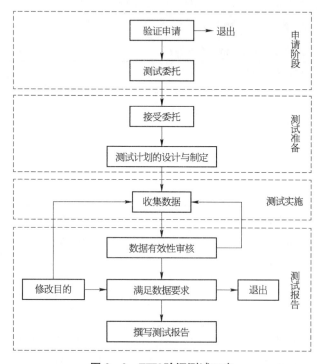

图 2-2　ETV 验证测试工序

2.2.4.2　含汞废物处置技术评估体系

1) 评估体系

评估主要从技术性能、环境影响、经济性能和社会影响四个方面进行，具体见表 2-6。

表 2-6　评估类型分类及说明

编号	评估类型	分类型号	分类型	类型说明
A	技术性能	A1	处置规模适宜性	含汞废物处置系统在规定时间内所能处置废物的量

（续表）

编号	评估类型	分类型号	分类型	类 型 说 明
A	技术性能	A2	处置效果有效性	处置含汞废物所能达到的处置效果、减容减量毁形程度及后续处置要求
		A3	处置废物适用性	指处置技术对各种含汞废物类型的适用范围
		A4	系统配置完备性	指处置设施应具备的全套设备和单元情况
		A5	单元设计先进性	指各个处置单元的先进程度
		A6	自动化控制水平	指处置设施对相关工况参数和运行参数实现制动化控制的程度
		A7	处置设施的安全性	含汞废物处置系统要有完备的应急保护方案,在突发紧急事故时,可以通过设置由工作区监视系统、分级报警显示、联动自锁装置、应急供电及设备等组成应急安全系统,以确保系统安全
		A8	需配套的基础设施	主要指除了主体设备和附属设备外,还需配套哪些设施,如供水、供电、二次污染物处置等
		A9	节能性能情况	通常用处置单位废物量所消耗的能源量来衡量处置系统能耗性能
		A10	处置设施的易操作性	主要体现在处置操作难易程度、操作强度大小及操作时间长短等
		A11	监管手段可实现性	主要结合处置技术水平,考虑地方的实施监管硬件和软件条件的可实现程度
B	环境影响	B1	产生有毒有害污染物风险	各种含汞废物处置技术均会或多或少产生的有毒有害气体、液体或固体污染物等对环境危害的可能性大小
		B2	产生二次污染物风险	指处置过程中产生的有毒有害物质经污染控制装置处之后排放,排放物对环境产生二次污染可能性大小。通常用污染控制装置出口的排放物种类和浓度来反映

(续表)

编号	评估类型	分类型号	分类型	类 型 说 明
B	环境影响	B3	职业安全健康风险	在处置过程中对工作人员造成的不安全可能性大小和危害后果,不安全因素包括有毒有害物的危害和危险性作业的危害,如机械性损伤、热表面烫伤、辐射、化学性伤害及病原体感染等
		B4	对周围居民环境影响风险	处置活动对周围居民健康危害的可能性大小
		B5	生态环境影响风险	在含汞废物处置活动中产生或排放的有害物对处置单位所在地的土壤、水体、大气等生态环境状况造成的负面影响
C	经济性能	C1	建设成本	估算项目所投入的总资金,包括建设投资、流动资金及建设期内分年资金需要量
		C2	运行成本	项目生产运营支出的各种费用。通常用单位废物量处置成本和总成本费用反映成本费用多少
		C3	收益水平	收益水平反映了项目盈利能力的高低。财务内部收益率、财务净现值和投资回收期是主要的营利性指标
D	社会影响	D1	公众可接受程度	公众根据对含汞废物处置方式和工艺技术方案的认知,所表现出的排斥性大小或认可接受程度
		D2	政策允许程度	所选用的处置技术得到国家以及地方相关标准和法规认可或偏向性程度
		D3	选址难易程度	针对备选含汞废物处置技术,项目所在地可用场地条件与选址要求相匹配、相适应程度
		D4	技术获取难易程度	技术获取难易程度与技术供应商背景、技术商品化程度、技术引进方式及国产化程度等有关

2) 技术评估打分

根据评估类型分类对评价指标进行打分,评估类型打分统计见表 2-7。

表 2-7　评估类型打分统计

类型编号	评估类型	类型权重(%)	类型分类	分类型权重(%)	分类型打分	类型总分	加权分
A	技术性能	20	A1	5			
			A2	15			
			A3	10			
			A4	6			
			A5	6			
			A6	10			
			A7	15			
			A8	4			
			A9	15			
			A10	4			
			A11	10			
B	环境影响	30	B1	25			
			B2	15			
			B3	20			
			B4	25			
			B5	15			
C	经济性能	15	C1	40			
			C2	30			
			C3	30			
D	社会影响	35	D1	30			
			D2	40			
			D3	10			
			D4	20			

2.3　含汞废物处置技术评估案例

2.3.1　废汞触媒处置技术案例验证

2.3.1.1　企业基本情况

以国内某大型生产氯化汞触媒和废汞触媒综合利用的企业为例,该公司拥有完善的产品质量管理体系,制造技术成熟、装备及检测手段先进,产品质量达到国家标准,2002 年通过了国家、省、地区环保部门验收为环保达标企业,2003 年通过了 ISO 9001：2000 标准质量管理体系认证,该公司已成为汞触媒行业全国定点生产厂家。该公司年产氯化汞 1 500 t、年处理废汞触媒 12 000 t、年产金属锑 10 000 t、副产汞 400 t。

该企业的生产工艺流程如图 2 - 3 所示。

废触媒和生石灰分别经斗式提升机进入各自料仓,再经螺旋给料机充分混匀后进入还原反应釜,同时加入水混匀。在还原反应釜内,通入蒸汽将混合物料间接加热至温度为 80 ℃,将废触媒中的 $HgCl_2$ 转化成 HgO。经还原反应釜加热反应后的物料经转料车进入中间过渡存料仓,再经斗式提升机进入进料仓,在进料仓经分料加料斗进入竖管式蒸馏炉反应。竖管式蒸馏炉采用煤气燃烧加热,煤气燃烧产生的烟气经双碱法脱硫处理后送尾气缓冲房与全厂其他尾气混合后由烟囱排放。在竖管式蒸馏炉内,温度被加热至 800～900 ℃,在此温度下,HgO 加热分解成汞蒸气。汞蒸气分别经水封槽、列管冷却器和缓冲罐收集后进入集汞槽,再经洗汞槽清洗后即可得到产品汞,尾气经填料吸收塔进一步吸收处理后送全厂尾气处理车间处理;经竖管式蒸馏炉蒸馏脱汞后的冶炼渣(主要为活性炭)经渣冷却器冷却后排入集渣池,然后送老厂区锑汞一体冶炼生产过程。

2.3.1.2　评价指标测试方案

1) 采样和测试

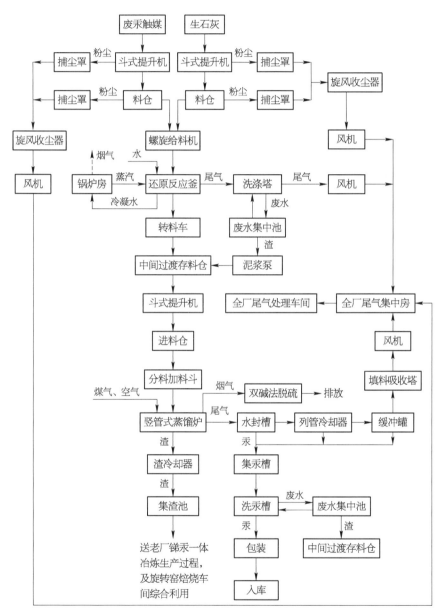

图 2 - 3　废汞触媒处置生产工艺流程图

各项指标的采样和监测按照国家规定的监测方法执行,污染物浓度的测定采用表 2 - 8 中所列的方法标准。

表 2 - 8　污染物测定方法标准

污染物项目/介质	监测分析方法标准名称	标准编号
汞	水质汞、砷、硒、铋和锑的测定原子荧光法	HJ 694—2014
颗粒物	固体污染源排气中颗粒物测定与气态污染物采样方法	GB/T 16157—1996
固体	固体化工产品采样通则	GB/T 6679—2003
液体	液体化工产品采样通则	GB/T 6680—2003
大气	气体化工产品采样通则	GB/T 6681—2003
大气	工作场所空气中有害物质监测的采样规范	GBZ 159—2004
大气	气体参数测量和采样的固定位装置	HJ/T 1—1992
水体	水质自动采样器技术要求及检测方法	HJ/T 372—2007
悬浮颗粒物	总悬浮颗粒物采样器技术要求及检测方法	HJ/T 374—2007
烟尘	粉尘采样器检定规程	JJG 520—2005
烟尘	烟尘采样器检定规程	JJG 680—2007
大气	环境空气采样器技术要求及检测方法	HJ/T 375—2007
悬浮颗粒物	总悬浮颗粒物采样器检定规程	JJG 943—2011
大气	大气采样器检定规程	JJG 956—2013
汞-固体废物	固体废物汞、砷、硒、铋、锑的测定微波消解/原子荧光法	HJ 702—2014
采样	采样方法及检验规则	SB/T 10314—1999

2) 评价指标测试

(1) 物料平衡分析。通过物料平衡分析,确定 ETV 指标数据参数。废汞触媒蒸馏法物理平衡分析如图 2 - 4 所示。

(2) 参数指标测试。根据废汞触媒无害化处置技术评估指标体系的要求,对该企业开展指标测试,该企业废汞触媒处理规模为 12 000 t/年,共 8 台蒸馏炉,每天处理能力为 40 t,生产方式为每天 24 h 连续生产。其指标测试情况见表 2 - 9。

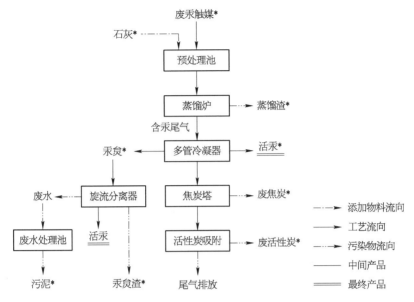

图 2-4　废汞触媒蒸馏法处置物料平衡分析

注：*表示计算汞量平衡

表 2-9　某企业废汞触媒处置 ETV 测试指标

序号	项目名称	备　注
1	炉渣	分批次采取炉渣样品,测试汞含量。炉渣产量：处理 1 t 废触媒,平均产生 1.1～1.2 t 炉渣
2	粉尘	包括吸附塔产生的废活性炭、废焦炭及其他收集尘。采取粉尘样品,测试汞含量
3	汞泥	包括集汞槽、旋流分离器后的汞泥样品,测试汞含量
4	活汞	包括集汞槽、旋流分离器后的活汞样品,测试汞含量
5	污泥	主要为废水处理污泥,测试汞含量
6	废汞触媒	包括原料、与石灰混合反应后进炉前的样品,分别测试汞含量
7	烟气除尘率	在尾气排放口测试烟气颗粒物含量,并根据烟气粉尘产生量估算烟气除尘率

2.3.1.3　评估测试结果

该企业废汞触媒蒸馏法处置工艺 ETV 评估测试结果及数据分析处理结果汇总见表 2-10、表 2-11。

表 2-10　废汞触媒处置工艺技术评价指标

评价指标		参考数据	测试数据	评估类型
环境效果指标——通用参数				
蒸馏法	废水循环利用率	＞90％	90％	A
	渣含汞	＜0.02％	0.018％	B
	汞总回收率	＞97％	96％	A
环境效果指标——特征参数				
蒸馏法	汞排放总量控制	＜0.015 t/年	0.014 t/年	B
	烟气除尘率	＞99％	99.2％	B
维护管理指标				
蒸馏法	建设成本(废汞触媒处理量15 000 t/年)	4 500 万元	4 500 万元	C
	运行成本(每吨废触媒处理成本)	1 万元	8 000 元	C
	处置设施的易操作性	高	高	A
	监管手段可实现性水平	高	高	A
	自动化控制水平	中	中	A
	公众接受程度	中	中	D
	政策许可程度	高	高	D
	选址获取水平	高	高	D
	技术获取水平	高	高	D
运行工艺指标				
蒸馏法	水耗	50 t/t 废触媒	45	A
	煤耗	0.5 t/t 废触媒	0.5	A
	电耗	400 kW·h/t 废触媒	360	A
	蒸馏温度	600～800 ℃	750	A
	蒸馏时间	8 h	8	A
	预处理温度	100 ℃	90～100	A

表 2-11　评估类型打分统计

类型编号	评估类型	类型权重(%)	类型分类	分类型权重(%)	分类型打分	类型总分	加权分
A	技术性能	20	A1	5	5	96	19.2
			A2	15	14		
			A3	10	10		
			A4	6	5		
			A5	6	6		
			A6	10	10		
			A7	15	13		
			A8	4	4		
			A9	15	15		
			A10	4	4		
			A11	10	10		
B	环境影响	30	B1	25	24	97	29.1
			B2	15	14		
			B3	20	19		
			B4	25	25		
			B5	15	15		
C	经济性能	15	C1	40	39	98	14.7
			C2	30	30		
			C3	30	29		
D	社会影响	35	D1	30	28	98	34.3
			D2	40	40		
			D3	10	10		
			D4	20	20		
总分							97.3

根据对该企业废汞触媒蒸馏法处置技术的案例评估研究,其评估总分

为 97.3 分。该结果显示:废汞触媒蒸馏法处置技术生产规模大,汞总回收率和资源综合利用率均较高,具备良好的技术性能、环境影响、经济性能和社会影响指标。

2.3.2 废荧光灯处置可行技术案例验证

2.3.2.1 企业基本情况

某废荧光灯管处置企业引进了瑞典 MRT 生产制造的设备-MRT 紧凑式直接破碎分离设备和标准蒸馏设备,对废荧光灯管进行处置,所采用的工艺为干法工艺。设计年处理量为 1 500 t(750 万支 T8 荧光灯管)。

由瑞典 MRT 公司引进的处理设备,设备尺寸为 6 060 mm×2 450 mm×2 600 mm。整个过程采用干法处理,由 PLC 全程控制,有效避免对环境造成二次污染。

整个荧光灯管处置设备主要由破碎系统和蒸馏系统两个系统组成。

1) 破碎系统

(1) 直型荧光灯管。将灯管通过进料输送带送入锤式破碎机,灯管被破碎成片状。风机从破碎机中把破碎的片状灯管碎片析出(整个系统在负压状态下工作),进入首次分离塔,将含汞的微细粉末与大颗粒物分离;大颗粒物再通过振动筛把玻璃碎片与其他颗粒物分开,进入二次分离塔,通过磁性分离器,把铝、铁和铜分开,进入不同的收集器。剩下的玻璃碎片进入第三次分离塔,含汞的微细粉末进入旋风分离,玻璃碎片随输送带通过滚筒输送器,然后进行回收。

(2) 异型荧光灯管。首先是灯管进入多功能灯管破碎机,先进行破碎分离,把灯头分离出来,之后通过 MRT 破碎设备内部的风机在负压状态下吸入 MRT 设备,进入第一分离塔,开始运行破碎与分离。

2) 蒸馏系统

将装有含汞荧光粉末的蒸馏筒放入蒸馏器中,同时系统自动接通压缩空气、氧气、氮气,加热蒸馏器和燃烧室,达到设定的温度进行汞的蒸馏,整个系统在负压状态下工作,按照设定的程序进行处理,在处理过程中,通过四个阶段进行,即加热、燃烧、通风和冷却。真空泵产生的气体通过活性炭过滤器排放到室外。蒸馏出来的汞收集在冷凝器中。

荧光灯管的处置工艺流程图如图 2-5 所示。

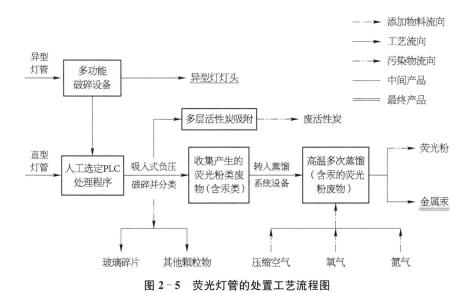

图 2-5　荧光灯管的处置工艺流程图

该废荧光灯管处置设备处置环节产生的污染物主要为含有少量汞和荧光粉的尾气,尾气需经布袋除尘和活性炭吸附两级处理,处理达标后方可排入大气,活性炭及粉尘阻挡空心球需定期更换。

2.3.2.2　评价指标测试方案

1) 物料平衡分析

通过物料平衡分析,确定 ETV 指标数据参数。废荧光灯管直接破碎法物理平衡分析如图 2-6 所示。

2) 评估指标测试

根据废荧光灯管无害化处置技术评估指标体系的要求,对该企业开展指标测试,该企业废荧光灯管处理规模为 1 500 t/年,选用 MRT 设备处置,生产方式为每天 24 h 连续生产。其指标测试情况见表 2-12。

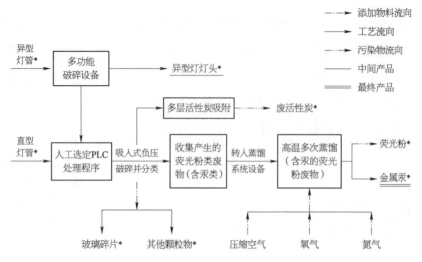

图 2-6 荧光灯管直接破碎法处置物料平衡分析

注：*表示计算汞量平衡

表 2-12 某企业废荧光灯管处置 ETV 测试指标

序号	项目名称	备 注
1	荧光灯管	分批次采取直型、异型荧光灯管样品，测试汞含量
2	破碎后产物	包括多功能破碎产生的灯头、MRT 破碎产生的玻璃碎片及其他颗粒物。分批次采取破碎后产物样品，测试汞含量
3	废活性炭	采取废活性炭样品，测试汞含量。调查活性炭消耗量及更换频次
4	金属汞	分批次采取金属汞样品，测试汞含量
5	荧光粉	分批次采取蒸馏处理后荧光粉样品，测试汞含量
6	废气汞去除率	测试尾气排放汞含量，通过物料平衡计算废气汞去除率

2.3.2.3 评估测试结果

该企业废荧光灯管直接破碎法处置工艺 ETV 评估测试结果及数据分析处理结果汇总见表 2-13、表 2-14。

表 2-13 废荧光灯管直接破碎法工艺技术评价指标

评价指标		参考数据	测试数据	评估类型
环境效果指标——通用参数				
直接破碎法处理	汞回收率	80%～95%	90%	A

（续表）

评价指标		参考数据	测试数据	评估类型
环境效果指标——特征参数				
直接破碎法	荧光粉纯度	＞60％	60％	A
	废气汞去除率	＞90％	90％	B
维护管理指标				
直接破碎法	建设成本(每套设备总投入)	550 万～800 万元	800 万元	C
	运行成本(每吨废荧光灯管处理成本)	较低	9 000 元	C
	处置设施的易操作性	高	高	A
	监管手段可实现性水平	高	高	A
	自动化控制水平	高	高	A
	公众接受程度	中	中	D
	政策许可程度	中	中	D
	选址获取水平	高	高	D
	技术获取水平	高	高	D
运行工艺指标				
直接破碎法	蒸馏温度	350～675 ℃	400 ℃	A
	蒸馏时间	12～16 h	12 h	A
	蒸馏罐压力	$7×10^6$ Pa	$7×10^6$ Pa	A
	电耗	800 kW · h/t 废物	700 kW · h/t 废物	A
	活性炭	100 kg/kg 汞	100 kg/kg 汞	A

表 2 - 14　评估类型打分统计

类型编号	评估类型	类型权重(%)	类型分类	分类型权重(%)	分类型打分	类型总分	加权分
A	技术性能	20	A1	5	5	95	19.0
			A2	15	13		

（续表）

类型编号	评估类型	类型权重(%)	类型分类	分类型权重(%)	分类型打分	类型总分	加权分
A	技术性能	20	A3	10	9	95	19.0
			A4	6	5		
			A5	6	6		
			A6	10	10		
			A7	15	15		
			A8	4	4		
			A9	15	13		
			A10	4	4		
			A11	10	10		
B	环境影响	30	B1	25	23	94	28.2
			B2	15	14		
			B3	20	16		
			B4	25	25		
			B5	15	15		
C	经济性能	15	C1	40	36	91	13.65
			C2	30	30		
			C3	30	25		
D	社会影响	35	D1	30	27	97	33.95
			D2	40	40		
			D3	10	10		
			D4	20	20		
总分							94.8

根据对该企业废荧光灯管直接破碎法处置技术的案例评估研究,其评估总分为94.8分。该结果显示:废荧光灯管直接破碎法处置技术生产规模较大,汞总回收率较高,但其资源利用率一般(产生的荧光粉纯度不高,回收价值不大)。该技术具备较良好的技术性能、环境影响、经济性能和社会影响指标。

第 3 章

含汞废物处置过程的
污染特征和汞的迁移转化

本章针对典型含汞废物(废汞触媒、含汞废渣、废含汞试剂、废荧光灯)处置过程中的风险源可能产生的含汞废气、汞污染水体、含汞土壤、环境植物等污染特征进行了研究,并对汞在环境中的迁移转化进行了分析和预测,初步评估了含汞废物处置过程中汞等污染物的污染及迁移转化特征。

3.1 含汞废物处置过程的污染特征

3.1.1 废汞触媒处置过程的污染特征

3.1.1.1 蒸馏法回收过程

蒸馏法回收金属汞工艺包括废汞触媒的预处理、焙烧、冷凝等工艺单元。工艺流程和产污节点如图 3-1 所示。

废汞触媒处理处置过程主要产生废水、废气、固体废物和噪声。废水主要为化学浸渍产生的含汞废水、车间地面和设备冲洗废水等。废水中主要污染物或因素包括总汞、悬浮物和 pH 值等。废气主要为加热搅拌、蒸馏和冷凝工序产生的废气,废气中主要污染物包括汞及其化合物和氯气等。固

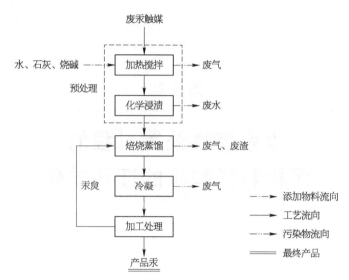

图 3-1　废汞触媒蒸馏法处理处置工艺流程及产污节点

体废物主要包括废气处理产生的除尘灰、废水处理产生的污泥和蒸馏产生的残渣、加工处理过程中产生的汞齑等。噪声主要集中在原料提升设备、加热搅拌设备、锅炉风机、蒸馏炉风机等设施。

3.1.1.2　控氧干馏法回收过程

控氧干馏法处理废汞触媒包括干馏、筛分、浸泡和过滤等工艺单元。工艺流程和产污节点如图 3-2 所示。

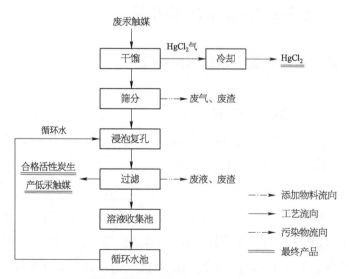

图 3-2　废汞触媒控氧干馏法处理处置工艺流程及产污节点

　　废汞触媒处理处置过程主要产生废水、废气、固体废物和噪声。废水主要为过滤工序产生的废水、车间地面和设备冲洗废水等。废水中主要污染物包括汞、悬浮物、化学需氧量和氯离子等。废气主要来自于筛分工序产生的含汞废气,废气中主要污染物包括汞及其化合物等。固体废物主要包括筛分后废弃的活性炭、废气处理产生的废活性炭和废水处理产生的污泥。噪声主要为干馏设备、筛分设备等产生。

3.1.2　含汞废渣处置过程的污染特征

3.1.2.1　含汞废渣露天堆存处置过程

　　含汞废渣露天堆存产生的主要废物包括汞矿废石、尾矿、废水处理站污泥,堆存过程中主要产生废水和废气,废水种类包括废石场淋溶水、尾矿库渗滤液。各生产废水水质及去向见表 3-1。

表 3-1　主要废水污染源排放去向

序号	废水名称	主要污染物	产生位置	排　放　去　向
1	废石场淋溶水	SS、重金属	废石场	通过尾矿库渗滤液收集池进入充填回水池,回用于选矿
2	尾矿库渗滤液	SS、重金属	尾矿库	通过尾矿库渗滤液收集池进入充填回水池,回用于选矿

　　露天堆存过程中产生的扬尘为堆存过程主要环境影响。该类粉尘特点为含有一部分重金属,成分同废石和尾矿,见表 3-2。

表 3-2　扬尘成分

种类	主要成分
废石场扬尘	SiO_2、Al_2O_3、Fe_2O_3、CaO
尾矿场扬尘	SiO_2、Al_2O_3、Fe_2O_3、CaO、HgS

3.1.2.2　含汞废渣回收利用处置过程

　　蒸馏法处理含汞冶炼废渣工艺包括预处理、焙烧(蒸馏)、冷凝等工艺单

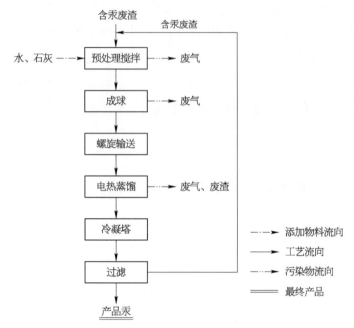

图 3-3 含汞冶炼废渣蒸馏法处理处置工艺流程及产污节点

元,其处置工艺流程及产污节点如图 3-3 所示。

含汞冶炼废渣回收处理过程主要产生废水、废气、固体废物和噪声。废水主要为车间地面和设备冲洗废水等,废水中主要污染项目包括汞、悬浮物、化学需氧量及 pH 值等。废气主要为预处理搅拌、成球工序、焙烧(蒸馏)工序产生的废气,废气中主要污染物包括金属汞和颗粒物等。固体废物主要为蒸馏后废渣、废气处理产生的除尘灰及活性炭和废水处理产生的污泥。

3.1.2.3 含汞废渣企业内部回收利用处置过程

加钙固硒焙烧法处理酸泥回收硒汞特色工艺流程包括预处理、蒸汞回收(焙烧、冷凝收汞、汞戋处理、废气处理)、粗硒回收及精硒制备四个反应流程,具体流程和产污节点如图 3-4 所示。

有色金属冶炼企业内部回收利用含汞废渣的工艺废气主要包括回转焙烧窑烟气、汞装罐废气、浸出液酸化废气、粗硒还原过量 SO₂ 废气、粗硒回收硫酸浸出废气。废水主要包括汞冷凝回收废水、碱液吸收废水、粗硒酸化废

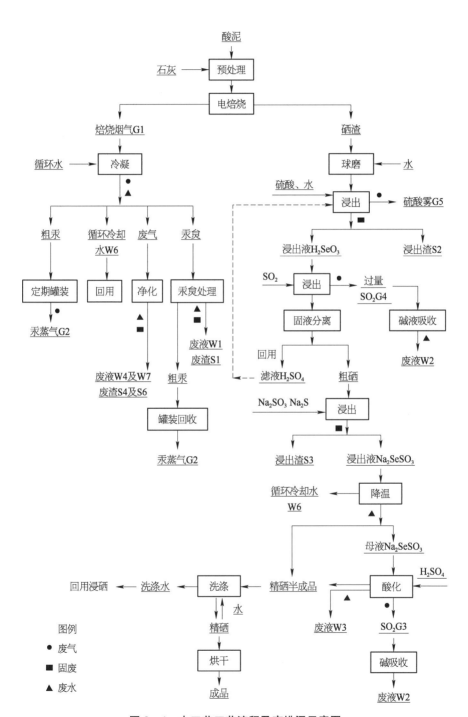

图 3 - 4　本工艺工艺流程及产排污示意图

水、脱硫除尘废水、循环冷却水、地面冲洗水、次氯酸钠吸收废液。固体废物主要包括汞泵残渣、硫酸浸出残渣、硫化钠浸出残渣、双氧水吸收残渣、废水预处理站污泥、活性炭吸附装置废活性炭、回转窑废气处理污泥。

3.1.3 废含汞试剂处置过程的污染特征

废含汞试剂包括废汞、碘化汞、碘化亚汞、碘化汞钾、硫化汞、硫化亚汞、溴化汞、溴化亚汞、红色氧化汞、黄色氧化汞、氯化汞、硝酸汞、硝酸亚汞、醋酸汞、醋酸亚汞、氯化氨基汞、硫酸汞、硫酸亚汞、氢氰酸汞、硫氰酸汞、汞溴红、甲基汞、乙基汞、水杨酸汞、对氯汞苯甲酸、硫柳汞等,汞含量约为 70%。

3.1.3.1 废含汞试剂回收过程

废含汞试剂回收处置技术按所含化学试剂性质不同,处理工艺有所不同,废单质汞处理包括酸洗、碱洗、漂净、干燥过滤等单元;易溶于酸和水的汞盐化合物处理包括加酸溶解、加碱沉淀、烘干等工艺单元。废含汞试剂回收处置工艺流程及产污节点如图 3-5 所示。

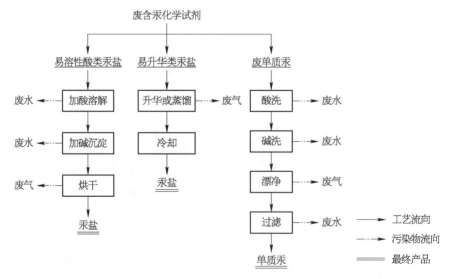

图 3-5 废含汞试剂回收处置工艺流程及产污节点

湿法处置废含汞试剂过程中主要产生废水、废气。废水主要为酸/碱洗涤、水洗和过滤过程产生，全厂尾气处理系统尾气处理废水和化验废水，排入废水收集池内，作为有色金属冶炼废渣预处理搅拌用水使用，不外排。生活污水包括员工洗手、洗脸及洗澡废水，排入废水收集池内，作为有色金属冶炼废渣预处理搅拌用水使用，不外排。雨季初期雨水经初期雨水收集池收集沉淀后可作为有色金属冶炼废渣预处理搅拌用水使用，不外排。废气经尾气处理系统处理后排放。产生的无组织粉尘经洒水喷淋后排放量较少。固体废物中在蒸馏炉脱汞过程中产生的除汞废渣、在硒汞废料处理过程中产生的焙烧渣，送至有危险废物处置资质的单位回收提取其他金属；在废含汞试剂、废甘汞、硒汞废料处理过程中产生的废渣、全厂尾气处理系统有废渣及废活性炭、废水收集池及雨水收集池废渣全部送蒸馏炉脱汞处理，不外排；生活垃圾送市生活垃圾填埋场填埋。

3.1.3.2　废含汞试剂固化填埋过程

废含汞试剂的固化填埋法包括混合搅拌、成型、养护、安全填埋等工艺单元。废含汞试剂固化/填埋处理处置工艺流程和产污节点如图 3-6 所示。

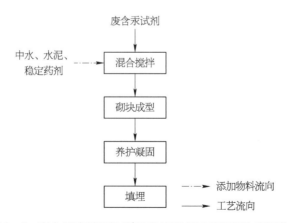

图 3-6　废含汞试剂固化/填埋处理处置工艺流程和产污节点

在固化/填埋处理处置过程中主要产生废气。车间内配收尘系统及活性炭吸附设备对车间无组织排放气体进行净化，无废水产生。

3.1.4　废荧光灯处置过程的污染特征

3.1.4.1　废荧光灯填埋过程

废荧光灯的固化填埋是适用于废含汞试剂的处理处置。该法包括混合搅拌、成型、养护、安全填埋等工艺单元。工艺流程及产污节点如图 3-7所示。

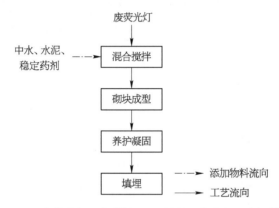

图 3-7　废荧光灯固化/填埋处理处置工艺流程和产污节点

固化/填埋处理处置过程中主要产生废气。车间内配收尘系统及活性炭吸附设备对车间无组织排放气体进行净化,无废水产生。

3.1.4.2　废荧光灯回收过程

废荧光灯处理处置方法主要有切端吹扫分离法、直接破碎分离法和湿法。

1) 切端吹扫分离技术

切端吹扫工艺在负压环境下运行,主要由切端吹扫、粉碎、蒸馏、分离等单元组成。废荧光灯切端吹扫处理处置工艺流程及产污节点如图 3-8所示。

切端吹扫处理技术主要产生废气、固体废物和噪声。废气主要为破碎、蒸馏工序中产生的含汞废气,废气中主要污染物包括总汞和颗粒物等。固体废物为蒸馏后的不可再利用的荧光粉、废气吸附用活性炭等。

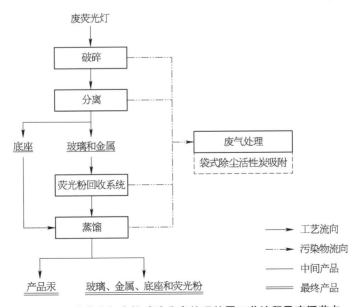

图 3‑8　废荧光灯切端吹扫处理处置工艺流程及产污节点

2）直接破碎分离技术

直接破碎分离技术在负压环境下运行,主要由破碎、分离、荧光粉回收、蒸馏等单元组成。废荧光灯直接破碎分离处理处置工艺流程及产污节点如图 3‑9 所示。

图 3‑9　废荧光灯直接破碎分离处理处置工艺流程及产污节点

废荧光灯直接破碎分离处理过程主要产生废气、固体废物和噪声。废气主要为破碎、蒸馏工序中产生的含汞废气,废气中主要污染物包括总汞和颗粒物等。固体废物为蒸馏后的不可再利用的荧光粉、废气吸附用活性炭等。

3）湿法回收技术

废荧光灯湿法处置装置包括破碎、输送、水洗、磁选、废水处理等工艺单元。废含汞试剂湿法处理处置工艺流程及产污节点如图 3 - 10 所示。

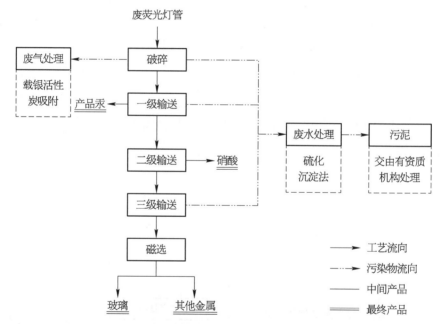

图 3 - 10　废含汞试剂湿法处理处置工艺流程及产污节点

大气污染物主要为破碎过程中产生的汞排放,可通过载银活性炭吸附后达到排放标准;水污染物主要为荧光灯破碎后水洗汞产生,废水硫化沉淀后回用,污泥交由有危险废物处置资质的企业处理。湿法处置后产生的污水经处理后回用,污泥交由具有危险废物处理处置资质的单位处理;固体废物为处理后产生的金属和玻璃,可部分资源化处理。

3.2 含汞废物处置过程汞的迁移转化

3.2.1 环境介质中汞的迁移转化

3.2.1.1 土壤中汞的迁移转化

土壤中的汞主要以 Hg^0、Hg^{2+}、HgO、HgS、$CH_3(SR)$ 和 $(CH_3Hg)_2S$ 等形式存在(廖自基,1992)。土壤中的汞按其化学形态可分为金属汞、无机结合态汞和有机结合态汞。按结合方式分为可溶态、非专性吸附态、专性吸附态、螯合态和残渣态。我国背景区土壤汞含量为 $0.006\sim0.27\,mg/kg$,接近全球背景区土壤汞含量 $0.01\sim0.5\,mg/kg$。受人为活动影响地区,土壤中总汞的含量及剖面分布主要与污染历史及污染程度有关。

土壤(沉积物)剖面总汞含量无明显季节变化规律,而甲基汞含量一般表现为夏季>冬季,其主要原因为:夏季水体较高的温度(增强微生物活性)和因强烈分层而造成底层水体厌氧的环境(甲基化的有利场所)等因素增加了甲基汞的产率。此外,沉积物孔隙水(尤其是表层孔隙水)中汞(甲基汞)的浓度很大程度上决定着上覆水体可能受污染的程度。由于浓度梯度的存在(沉积物孔隙水中汞的浓度一般高于上覆水体),汞会从沉积物孔隙水向上覆水体扩散,成为上覆水体的污染源。总汞和甲基汞在沉积物(孔隙水)剖面中的分布规律大多数情况下并不一致,一方面,由于沉积物(孔隙水)中总汞和甲基汞的来源并不相同(总汞主要为外源输入,甲基汞为自身甲基化作用产生),另一方面,过高的无机汞含量会抑制甲基汞的形成。一般来讲,沉积物中甲基汞占总汞的比例较低,且随着沉积深度的增加而逐渐减低:表层沉积物约为 1%,在 $20\sim30\,cm$ 时降至 0.25%。

目前,国内外评价土壤中重金属污染的方法较多,如单因子指数法、内梅罗综合指数法、污染负荷指数法、综合响应因子法、生物效应浓度法、次生相与原生相分布比值法、富集系数法、地累积指数法、潜在生态危害指数法等,但迄今为止尚没有成熟的方法和统一的标准。几种主要评价方法介绍如下：

1) 单因子指数法

在对土壤重金属污染情况进行评估时单因子指数法是国内外普遍采用的方法之一,它可以对土壤中的任何单一的重金属污染物的污染程度进行评价,其计算公式为

$$P_i = C_i/S_i \tag{3-1}$$

式中　P_i——土壤中污染物 i 的环境质量指数;

　　　C_i——污染物 i 的实测含量(mg/kg);

　　　S_i——污染物 i 的评价标准(mg/kg)。

2) 内梅罗综合污染指数法

在土壤重金属污染评估中还有一种方法为内梅罗综合污染指数法,该方法相对于单因子指数法可以更加全面反映土壤中各污染物的平均污染水平,其计算公式为

$$P = \sqrt{\frac{(P_{imax})^2 + (P_{iave})^2}{2}} \tag{3-2}$$

式中　P——监测点的综合污染指数;

　　　P_{imax}——i 监测点污染物单污染指数中的最大值;

　　　P_{iave}——i 监测点所有污染物单污染指数平均值。

依据单因子指数法和内梅罗综合污染指数法可将土壤重金属污染划分为若干等级,见表 3-3。

表 3-3　土壤重金属污染分级标准

等级划分	单项污染指数	综合污染指数	污染等级	污染水平
1	$P_i \leqslant 0.7$	$PN \leqslant 0.7$	安全	清洁
2	$0.7 < P_i \leqslant 1.0$	$0.7 < PN \leqslant 1.0$	警戒线	尚清洁
3	$1.0 < P_i \leqslant 2.0$	$1.0 < PN \leqslant 2.0$	轻污染	土壤开始受到污染
4	$2.0 < P_i \leqslant 3.0$	$2.0 < PN \leqslant 3.0$	中污染	土壤中度污染

可选用当地土壤背景值或《土壤环境质量标准》(GB 15618—1995)二级标准为评价标准。土壤环境质量标准见表 3-4。

表 3-4　土壤环境质量标准

项目	一级	二级			三级
	自然背景	<6.5	6.5~7.5	>7.5	>6.5
镉≤	0.2	0.3	0.3	0.6	1
砷≤	15	40	30	25	40
铜≤	35	50	100	100	400
铅≤	35	250	300	350	500
铬≤	90	150	200	250	300
锌≤	100	200	250	300	500
镍≤	40	40	50	60	200

3) 污染负荷指数法

采用污染负荷指数法(pollution load index, I_{PL})对土壤重金属进行评估,某一点的污染负荷指数的公式如下:

$$F_i = C_i/C_{0i} \qquad (3-3)$$

$$I_{PL} = \sqrt[n]{F_1 \cdot F_2 \cdot F_3 \cdot \cdots \cdot F_n} \qquad (3-4)$$

式中　F_i——i 元素的污染指数;

　　　C_i——i 元素的实测含量(mg/kg);

　　　C_{0i}——i 元素的背景值;

　　　n——重金属元素的个数。

污染程度分级标准如下: $F_i \leqslant 1$,无污染;$1 < F_i \leqslant 2$,轻度污染;$2 < F_i \leqslant 3$,中度污染;$F_i > 3$,严重污染。$I_{PL} \leqslant 1$,无污染;$1 < I_{PL} \leqslant 2$,轻度污染;$2 < I_{PL} \leqslant 3$,中度污染;$I_{PL} > 3$,严重污染。

3.2.1.2　水体中汞的迁移转化

水环境中汞的转化过程非常复杂,受多种因素的影响,不同价态的汞均可在适宜的环境条件下相互转化,其中无机汞向甲基汞的转化过程是汞在水环境中最受关注的地球化学行为。汞的形态转化会直接影响汞的环境化学行为,决定水体中汞的迁移转化过程。

当环境温度较高、pH 值较低、光照较强时,水体中的 Hg^{2+} 可通过光致还原作用和微生物还原作用转化为 Hg^0,Hg^0 在还原条件和微弱的氧化条件下比较稳定,但也可以被氧化为 Hg^{2+};当水体中 Hg^0 过饱和时,Hg^0 可通过水—气界面挥发至大气,从而降低水体中总汞和离子态汞的含量,间接限制甲基汞的形成,成为水生系统中的一种去毒作用。Hg^+ 在水体中仅能以二聚物 Hg_2^{2+} 形式存在,且极易被分解为 Hg^0 和 Hg^{2+}。有机汞化合物因其具有极强的毒性,而备受人们的关注。环境中天然存在的有机汞形式主要有甲基汞(MeHg)和二甲基汞(DMeHg),一般是由 Hg^{2+} 转化而来,其中甲基汞是淡水环境中最常见的有机汞形式,其化学性质比较稳定,易于在食物链中富集、放大,对人类健康造成威胁。但甲基汞也可通过微生物去甲基化作用和光化学反应被分解为 Hg^0 和 Hg^{2+};二甲基汞通常只存在于海水中,且易于从水体中挥发并分解为甲基汞。

水生系统中汞的迁移涉及汞的络合作用、吸附作用、还原作用和生物甲基化作用。水体中的络合物可吸附汞,使汞随水流进行迁移;由于水体中的溶解态汞带有电荷,因此,可以被颗粒物吸附并通过沉积作用进入沉积物中。水体中汞的生物转化包括无机汞的甲基化过程和甲基汞的去甲基化过程。其中,甲基化过程主要是在微生物如硫酸盐还原菌和铁还原菌的参与下完成;非微生物的甲基化过程仅在有机质丰富的湖泊中占有重要地位。微生物的甲基化过程在水体和沉积物的氧化还原界面均可发生,而一般认为后者才是主要的反应场所。研究发现,仅当水体出现季节性分层时,厌氧滞水层才会出现甲基化反应。大量的研究表明,表层沉积物具有较强的甲基化能力,同时也是上覆水体(水库系统)重要的甲基汞"源"。影响微生物甲基化过程的因素非常复杂,主要包括微生物种类和活性、可供甲基化的无机汞量、环境温度、pH 值以及无机、有机配位体等。

水环境中的甲基汞会通过微生物和化学两种途径进行分解,即甲基汞的去甲基化过程。微生物去甲基化过程是一种生物酶催化分解过程,在好氧和厌氧的环境中均可发生,其最终产物为 Hg^0 和甲烷;甲基汞的化学降解主要是通过光化学反应发生。一般来说,甲基化过程和去甲基化过程会同时发生,因此,水环境中甲基汞的含量同时受控于甲基化速率和去甲基化速率。

水体重金属污染采用单项污染指数法来评价,公式为

$$P_i = C_i/C_{0i} \tag{3-5}$$

式中　P_i—— 污染指数;

　　　C_i—— 污染物实测值;

　　　C_{0i}—— 污染物评价标准;

　　　i—— 某种污染物。

分级标准:$P_i \leqslant 1$ 表示未污染;$1 < P_i \leqslant 2$,轻度污染;$2 < P_i \leqslant 3$,中度污染;$P_i > 3$,重度污染。

可采用《地表水环境质量标准》(GB 3838—2002)中的 Ⅳ 类标准值和《地下水质量标准》(GB/T 14848—2017)中的 Ⅲ 类标准值作为污染物评价标准,具体数值见表 3-5、表 3-6。

表 3-5　地表水环境质量标准　　　　(mg/L)

指标	As	Cd	Cr	Cu	Zn	Pb	Hg
地表水Ⅳ类标准	0.1	0.005	0.05	1	2	0.05	0.001

表 3-6　地下水环境质量标准　　　　(mg/L)

指标	As	Cd	Cr	Cu	Zn	Pb	Hg
地下水Ⅲ类标准	0.05	0.01	0.05	1.0	1.0	0.05	0.001

3.2.1.3　大气中汞的迁移转化

大气中汞的形态转化对汞的全球生物地球化学循环起着极其关键的作用。由于 Hg^0 具有极低的水溶性和干沉降速率,因此其很难通过干湿沉降被清除;然而,占大气汞很低比例的活性气态汞和颗粒汞则极易发生沉降。

因此,不同形态汞的转化直接决定着汞在大气中的居留时间及迁移距离。汞在大气中的转化可分为气相和液相两部分,其中气相中汞的反应主要是原子态汞向二价汞的转化和二价汞向颗粒汞的转化。

大气中重金属污染采用单项污染指数法来评价,公式为

$$P_i = C_i/C_{0i} \tag{3-6}$$

式中　P_i——污染指数;

　　　C_i——污染物实测值;

　　　C_{0i}——污染物评价标准;

　　　i——某种污染物。

分级标准:$P_i \leqslant 1$ 表示未污染;$1 < P_i \leqslant 2$,轻度污染;$2 < P_i \leqslant 3$,中度污染;$P_i > 3$,重度污染。

3.2.1.4　植物中汞的迁移转化

不同形态的汞,其生物有效性差异较大。甲基汞是目前人们认识的唯一具有生物积累和生物放大效应的汞化合物,其他形态的汞,例如 Hg^0、Hg^{2+} 及二甲基汞等,均不具有生物积累和生物放大效应。

汞在植物体内大量富集的现象,文献报道很少。早期研究表明甲基汞比无机汞更容易被植物吸收。人们普遍认为,植物能通过根系吸收土壤中的无机汞离子和甲基汞,但多积累于根部,仅有极少量汞可以穿过根细胞壁迁移到茎、叶等地上组织。因此,植物根系成为土壤汞进入植物体内的天然"屏障"。某些植物,例如苔藓等可通过大气沉降吸收汞。

富集系数在一定程度上反映了某种植物对土壤中特定重金属元素的富集能力,以及重金属在植物中迁移的难易程度,是表征植物体对某种重金属元素累积以及耐受程度的重要指标之一。植物对某种重金属的富集系数越大,植物对该重金属的富集能力越强,表明土壤中该种重金属更容易进入植物体内,这种植物在一定程度上能够修复土壤重金属污染。当植物中某种重金属的 BCF>1 时,说明植物对其生长的环境已经长期适应,且没有受到土壤中重金属的毒害作用,对土壤中的重金属具有一定的耐性。富集系数

(bioaccumulation coefficient，BC)是指植物体内某种重金属浓度与土壤中同种重金属浓度的比值,富集系数反映植物对重金属的富集能力,富集系数越大,则富集能力越强。计算式表示如下:

$$BC_i = C_i / S_i \qquad (3-7)$$

式中　C_i——植物部位 i 元素含量;

　　　S_i——土壤 i 元素的含量。

3.2.2　含汞废物处置过程中汞的迁移转化

3.2.2.1　废汞触媒处置过程的污染物迁移转化

废汞触媒处置过程中堆存的原料和废渣会产生扬尘,降雨过程中的径流冲刷,会污染填埋区和周边附近土壤。汞回收过程的主要污染物随废水、废气、固体废物进行扩散,可能影响周边大气、水及土壤环境。废汞触媒处置过程污染物迁移转化特征如图 3-11～图 3-13 所示。

3.2.2.2　含汞废渣处置过程的污染物迁移转化

汞矿采选产生的废石、尾矿露天堆存会产生扬尘,降雨过程中的径流冲刷,会污染填埋区和周边附近土壤。露天尾矿库堆场污染物通过土壤、大气沉降、或地表水进入植被。含汞废渣处置过程污染物迁移转化特征如图 3-14 所示。

有色金属含汞废渣外送至汞回收企业或内部回收利用工艺,主要污染物随废水、废气、固体废物进行扩散,可能影响周边大气、水及土壤环境。

如图 3-15 可以看出,含汞废渣回收利用企业污染物通过大气沉降干、湿沉降进入土壤后进入植被,或通过地表水进入植被。

3.2.2.3　废含汞试剂处置过程的污染物迁移转化

含汞试剂固化填埋过程污染物迁移转化特征如图 3-16 所示。

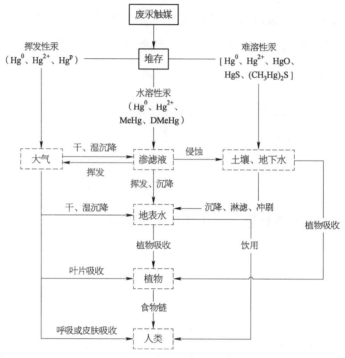

图 3 - 11 废汞触媒处置过程的含汞废渣堆存产生污染物的迁移转化过程

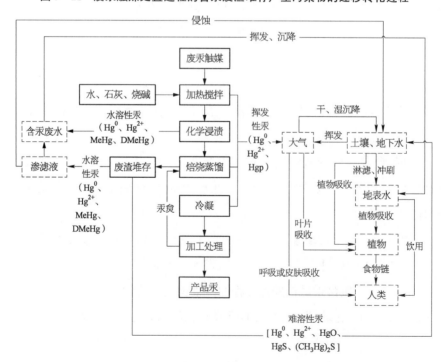

图 3 - 12 蒸馏法回收废汞触媒过程中汞的迁移转化

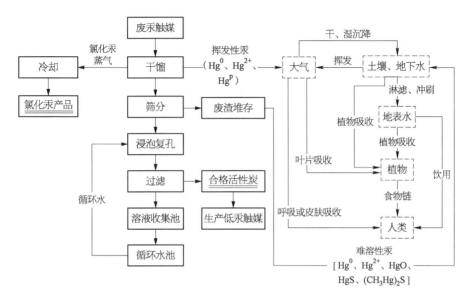

图 3 - 13　控氧干馏法回收废汞触媒过程中汞的迁移转化

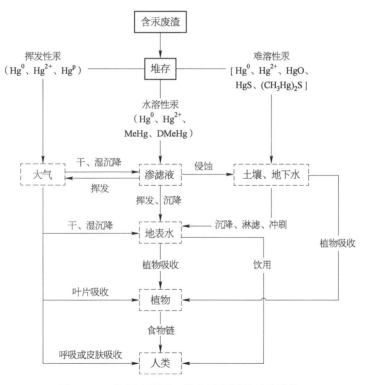

图 3 - 14　含汞废渣露天堆存过程汞的迁移转化

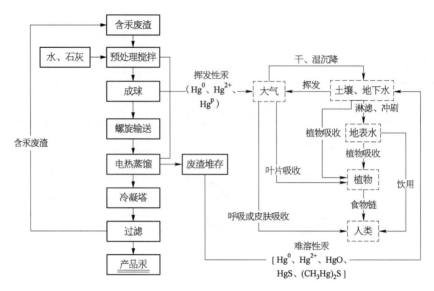

图3-15   含汞废渣蒸馏回收过程汞的迁移转化

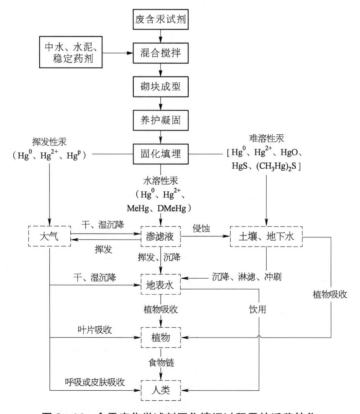

图3-16   含汞废化学试剂固化填埋过程汞的迁移转化

　　含汞试剂处置过程中堆存的原料和废渣会产生扬尘,降雨过程中的径流冲刷,会污染填埋区和周边附近土壤。汞回收过程的主要污染物随废水、废气、固体废物进行扩散,可能影响周边大气、水及土壤环境。含汞试剂处置过程污染物迁移转化特征如图 3 - 17 所示。

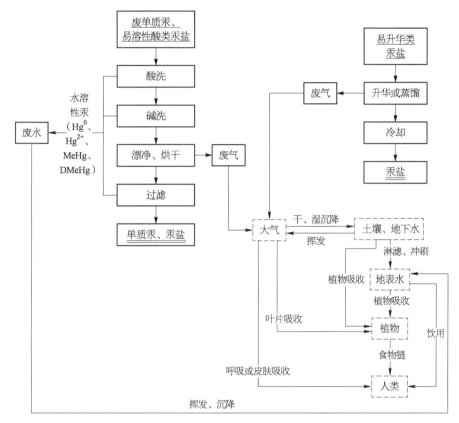

图 3‑17　废含汞试剂回收利用法污染物的迁移转化过程

3.2.2.4　废荧光灯处置过程的污染物迁移转化

　　废荧光灯进入垃圾填埋场,破碎后,所含的挥发性气体直接进入大气环境,同时通过干、湿沉降,污染周围土壤、水体和植物。污染物在环境介质可能的迁移转化如图 3 - 18 所示。

　　堆积在填埋场的废渣在雨水冲刷过程中对污染土壤和地下水产生严重影响,而填埋场产生的渗滤液能够挥发到大气环境,逐渐浸蚀地下水和土

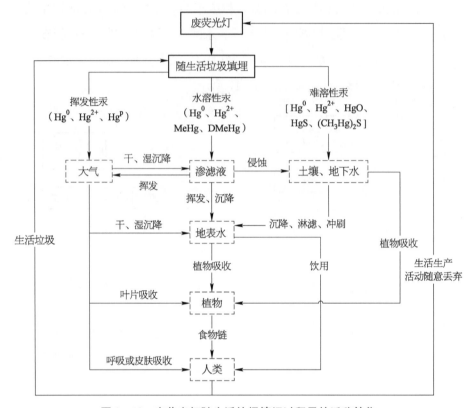

图 3 - 18　废荧光灯随生活垃圾填埋过程汞的迁移转化

壤,在其挥发和沉降过程中对地表水产生影响。填埋场中的污染物通过多
种途径进入环境后,在大气、水体、土壤以及植物之间循环,最终通过食物链
对人类产生严重危害。

　　废荧光灯回收处置过程中,荧光灯破碎和分离过程会产生废气,并且
在雨水冲刷和干、湿沉降过程中污染周边附近土壤、植物以及水体;荧光
粉回收过程会产生废水含有中污染物通过蒸发进入大气,还能浸蚀周边
的土壤。污染物进入环境中,在水、土壤以及大气之间循环,最后通过食
物链对人体产生危害。污染物在环境介质可能的迁移转化如图 3 - 19
所示。

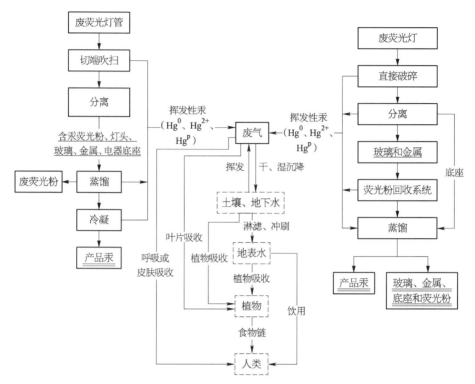

图 3‑19　废荧光灯回收企业污染物的迁移转化过程

第 4 章

含汞废物处置过程的风险识别和评估

本章针对典型含汞废物(废汞触媒、含汞废渣、废含汞试剂、废荧光灯)处置过程相关设施的运行和管理过程系统开展的,从含汞废物处置过程的风险源项进行风险识别,并从含汞废物处置过程风险点出发,进行了事故条件下的风险评估,此研究对含汞废物处置过程的环境保护和经济效益的协调发展,以及循环经济领域有关技术政策的制定,都具有重要的支持作用。

4.1 含汞废物处置过程的风险识别

4.1.1 风险识别技术概要

风险识别是风险评估的基础,它是通过定性分析及经验判断,识别评估系统的危险源或事故源、危险类型和可能的危险程度及确定其主要危险源。

4.1.1.1 源项分析

源项分析是环境风险评估的首要任务和基础工作,其分析的准确性直接影响到环境风险评估的质量。源项分析是通过将一个工厂或工程项目的大系统分解为若干子系统,识别其中哪些物质、装置或部件具有潜在的危险来源,判断其危险类型,了解发生事故的概率,确定毒物释放量及其转移途径等。

源项分析的目的是通过对评价系统进行危险识别和分析,正确地筛选出最大可信事故及确定其源项,为其后果估算提供依据和基础资料。

源项分析分为两阶段,首先是危险的识别,然后进行风险事故源项分析。前一阶段以定性分析为土,后一阶段以定量为主。源项分析所包括的范围和对象是全系统,从物质、设备、装置、工艺到与其相关的单位。与之相应的要进行物质危险性、工艺过程及其反应危险性、储存危险性等分析与评估。

源项分析主要步骤包括:

(1) 系统、子系统及单元等的划分,旨在为源项的识别提供基础。

(2) 危险识别。由物质危险性识别,筛选出可能的风险评估因子;由工艺工程危险性识别,筛选出重大危险源。

(3) 对筛选出的重大危险源,依据其在线量和储量,以及所涉及的有毒有害物的毒性,筛选出最终的风险评估因子和相应的最大可信事故。

(4) 对最大可信事故进行定量分析,确定有关源项参数,包括事故概率、毒物泄露及其进入环境的可能转移途径和危害类型等。

4.1.1.2 风险识别

1) 物质危险性识别

在工业生产过程中,要使用不同材料制成的设备、装置,处理处置、使用、储存和运输各种不同原料,中间产品、副产品、产品和废弃物,这些物质具有不同的物理和化学性质及毒理特征,其中不少物质属于易燃、易爆和有毒物质,具有潜在的危险性。

2) 化学反应危险性识别

化学反应分为普通化学反应和危险化学反应,后者包括爆炸反应、放热反应、生成爆炸性混合物或有害物质的反应。在涉铅生产运转中经常遇到等温反应、绝热反应和非等温非绝热反应,这些反应如果控制不当有可能产生事故危险。

3) 工艺过程危险性识别

工业生产中,一套装置是由多个单元工程和单元操作组成的工艺集成的。每个工艺过程又有各种不同阶段,每个阶段之间相互存在影响。所以工艺过程存在各种潜在危险性。对工艺系统的危险性识别需要采用安全系统分析方法。安全系统分析方法有多种,如安全检表(CL)、初步危险性分析(PHA)、故障模式影响分析(FMEA)、危险性操作法(HAZOP)、致命度分析(CA)、道化学火灾、爆炸指数评价法(Dow)、蒙德(ICI. Mend)等。

4.1.2　废汞触媒处置过程风险识别

4.1.2.1　危险、危害物质识别

废汞触媒处置过程涉及的有害物质的特性见表 4-1。

表 4-1　主要危险有害物质特性

序号	名称	成分、规格	储存方式	涉及装置及设施
1	废汞触媒	主要成分汞、氯化汞、氯化亚汞	袋装	库房、预处理车间、蒸馏炉
2	废渣	处置后残渣,有残留汞、氯化汞、氯化亚汞	堆存	蒸馏炉、渣场
3	汞貪	主要成分汞、氯化汞、氯化亚汞	桶装	冷凝器、集汞槽
4	污泥	主要成分汞、氯化汞、氯化亚汞	/	废水处理系统
5	废活性炭	主要成分汞、氯化汞、氯化亚汞	袋装	废气处理系统
6	汞	99.999%	钢罐	产品库房

4.1.2.2　生产装置危险性识别

项目生产过程中涉及危险有害物质的主要装置或设施为蒸馏炉、冷凝器以及汞储存设施等。蒸馏炉产生的含汞废气进入冷凝系统处理,绝大部分的汞在冷凝系统中迅速冷凝,形成液态金属汞后进入下部的集汞槽储存,定期人工罐装入库。因人为因素和设备原因导致冷凝器或集汞槽内含汞液体物料发生泄漏,将会对周边环境造成污染;蒸馏炉或冷凝器内的汞蒸气因设备腐蚀或操作失误引起汞蒸气发生泄漏,不仅引起厂区及周边居民汞中

毒,还会对大气环境造成严重污染。部分使用燃气式列管式蒸馏炉的企业,会配建煤气发生炉,煤气发生炉车间存在煤气泄漏风险。

　　废汞触媒回收处置过程的产污节点包括预处理、干燥、蒸馏、冷凝、吸附和废水处理等工序。其中废气主要来源于废汞触媒原料库、预处理、干燥、蒸馏炉和焦炭塔等五个工序段,废水主要来源于预处理、干燥和多管冷凝器三个工序段,固体废物主要来源于蒸馏炉、多管冷凝器、活性炭吸附塔、焦炭塔和废水处理五个工序段。工艺过程中的产污节点具体见表 4-2。

表 4-2　废汞触媒回收处置过程产污节点及污染物排放

工序	节点位置	污染源	主要污染物
预处理	废汞触媒原料库	含尘废气	颗粒物、Hg 等重金属
	预处理	碱性废气	Hg 等重金属
		废碱液	$NaOH$,悬浮物、Hg
	脱水干燥	含汞废水	Hg 等重金属
		含尘废气	Hg 等重金属、颗粒物
蒸馏回收	蒸馏炉(燃气、燃煤、电热)	蒸馏残渣	Hg 等重金属
		废气	颗粒物、Hg、SO_2、SO_3、NO_x、CO_2 等
废气处理	冷凝设备(多管冷凝器、水冷设备)	冲洗废水	Hg、悬浮物
		含尘废气	颗粒物
		汞泉	Hg 等重金属
	活性炭吸附塔	废活性炭	Hg 等重金属
	焦炭塔	废焦炭	Hg 等重金属
	碱液洗涤塔	更换的洗涤废液	碱液
		洗涤渣	Hg 等重金属
	高锰酸钾洗涤塔	尾气	Hg 等重金属
		更换的洗涤废液	高锰酸钾
		洗涤渣	Hg
废水处理	废水处理	沉淀污泥	Hg 等重金属
固废处理	废渣暂存	含尘废气	颗粒物、Hg 等重金属

4.1.2.3 储存设施危险性识别

原料仓库内一般存有待处理的废汞触媒,产品库里存有经资源化回收的汞产品。如各仓库发生火灾或泄漏,带来的危害也是灾难性的。除因作业人员不遵守相关规章会造成火灾外,废汞触媒储存仓库存在泄漏风险,产品汞仓库存在汞蒸气泄漏风险。如汞的储存设施钢罐损坏泄漏,泄漏的液态汞不仅会污染周边水体和土壤生态环境,而且液态汞会挥发至空气中对人体造成危害;含汞类危险废物在收集运输的过程中如发生翻车事故,因其含大量的汞、铅、铜等重金属离子,也会对周边水体及土壤环境造成危害。

废汞触媒处理处置后废渣堆放在渣场中。如随意堆放,经过雨水洗涤和径流作用,可转移到水体中;产生渗滤液也可能渗入地下,对土壤和地下水产生污染,并通过各种途径进入食物链。生物从环境中摄取的汞可以经过食物链的生物放大作用,最终在人体累积。

4.1.3 含汞废渣处置过程风险识别

4.1.3.1 危险、危害物质识别

依据含汞废渣处置过程产生的主要含汞废物,进行风险识别,见表4-3、表4-4。

表4-3 原生汞采选冶行业产生的含汞废物处置过程风险识别一览表

含汞废物种类名称	处置过程	处置过程中的风险识别
采选废石	回填或堆存	周边环境(水体、土壤、生态)风险
采选粉尘	建材利用或堆存	/
尾矿渣	堆存或建材利用	周边环境(水体、土壤、生态)风险
汞食	再生汞原料	再生汞生产原辅料、生产工艺过程、三废产生、事故工况等风险
冶炼渣	建材利用	/
冶炼粉尘	返回冶炼炉	/
污水处理污泥	按危废处置	汽车运输过程的风险
	再生汞原料	再生汞生产原辅料、生产工艺过程、三废产生、事故工况等风险

表 4 - 4　有色金属冶炼(铅、锌、铜)行业产生的含汞废物处置过程风险识别一览表

含汞废物种类名称	处置过程	处置过程中的风险识别
焙烧烟尘	配料返回冶炼炉	/
冶炼烟尘	配料返回冶炼炉	/
污酸	中和处理	周边环境(水体、土壤、生态)风险
污酸渣	固化堆存或再生汞原料(外送至汞回收企业)	汽车运输过程的风险、汞回收企业生产原辅料、生产工艺过程、三废产生、事故工况等风险
	再生汞原料(企业内部回收)	回收利用工艺生产原辅料、生产工艺过程、三废产生、事故工况等风险
冶炼渣	建材利用	/
窑渣	有价金属提取原料(外送至汞回收企业)	汽车运输过程的风险、汞回收企业生产原辅料、生产工艺过程、三废产生、事故工况等风险
蒸馏渣	有价金属提取原料(外送至汞回收企业)	汽车运输过程的风险、汞回收企业生产原辅料、生产工艺过程、三废产生、事故工况等风险
污水处理污泥	按危废处置	汽车运输过程的风险
	再生汞原料(外送至汞回收企业)	汽车运输过程的风险、汞回收企业生产原辅料、生产工艺过程、三废产生、事故工况等风险
	再生汞原料(企业内部回收)	回收利用工艺生产原辅料、生产工艺过程、三废产生、事故工况等风险

4.1.3.2　生产装置危险性识别

项目生产过程中涉及危险有害物质的主要装置或设施为蒸馏炉、冷凝器以及汞储存设施等。含汞废渣回收处置过程的产污节点包括预处理、干燥、蒸馏、冷凝、吸附和废水处理等工序。其中废气主要来源于含汞废渣原料库、预处理、干燥、蒸馏炉和焦炭塔等五个工序段,废水主要来源于预处理、干燥和多管冷凝器三个工序段,固体废物主要来源于蒸馏炉、多管冷凝器、活性炭吸附塔、焦炭塔和废水处理五个工序段。工艺过程中的产污节点具体见表 4 - 5。

表 4 – 5　含汞废渣回收处置过程产污节点及污染物排放

工序	节点位置	污染源	主要污染物
预处理	含汞废渣原料库	含尘废气	颗粒物、Hg 等重金属
	预处理	碱性废气	Hg 等重金属
		废碱液	NaOH、悬浮物、Hg
	脱水干燥	含汞废水	Hg 等重金属
		含尘废气	Hg 等重金属、颗粒物
蒸馏回收	蒸馏炉(燃气、燃煤、电热)	蒸馏残渣	Hg 等重金属
		废气	颗粒物、Hg、SO_2、SO_3、NO_x、CO_2 等
废气处理	冷凝设备(多管冷凝器、水冷设备)	冲洗废水	Hg、悬浮物
		含尘废气	颗粒物
		汞貄	Hg 等重金属
	活性炭吸附塔	废活性炭	Hg 等重金属
	焦炭塔	废焦炭	Hg 等重金属
	碱液洗涤塔	更换的洗涤废液	碱液
		洗涤渣	Hg 等重金属
	高锰酸钾洗涤塔	尾气	Hg 等重金属
		更换的洗涤废液	高锰酸钾
		洗涤渣	Hg
废水处理	废水处理	沉淀污泥	Hg 等重金属
固废处理	废渣暂存	含尘废气	颗粒物、Hg 等重金属

4.1.3.3　储存设施危险性识别

原料仓库内一般存有待处理的含汞废渣,产品库里存有经资源化回收的汞产品。如各仓库发生火灾或泄漏,带来的危害也是灾难性的。除因作业人员不遵守相关规章会造成火灾外,含汞废渣储存仓库存在泄漏风险,产品汞仓库存在汞蒸气泄漏风险。如汞的储存设施钢罐损坏泄漏,泄漏的液态汞不仅会污染周边水体和土壤生态环境,而且液态汞会挥发至空气中对人体造成危害;含汞类危险废物在收集运输的过程中如发生翻车事故,因其含大量的汞、铅、铜等重金属离子,也会对周边水体及土壤环境造成危害。

　　含汞废渣处置后废渣堆放在渣场中。如随意堆放,经过雨水洗涤和径流作用,可转移到水体中;产生渗滤液也可能渗入地下,对土壤和地下水产生污染,并通过各种途径进入食物链。生物从环境中摄取的汞可以经过食物链的生物放大作用,最终在人体累积。

4.1.4　废含汞试剂处置过程风险识别

4.1.4.1　危险、危害物质识别

荧光灯处置过程涉及的有害物质的特性见表 4-6。

表 4-6　主要危险有害物质特性

序号	名称	危险性类别	成分、规格	储存方式	涉及装置及设施
1	废含汞试剂	第 6.1 类毒性物质	废汞及废汞盐	袋装	废含汞试剂库房、搪瓷反应釜、蒸馏炉
2	废甘汞	第 6.1 类毒性物质	Hg:25.12%	袋装	废甘汞库房、搪瓷反应釜、蒸馏炉
3	氢氧化钠	第 8 类腐蚀性物质	工业级、固体	袋装	辅料库房、搪瓷反应釜、结晶槽
4	硫酸	第 8 类腐蚀性物质	工业级、固体	塑料桶装	辅料库房、搪瓷反应釜
5	硝酸	第 8 类腐蚀性物质	工业级、液体	塑料桶装	辅料库房、搪瓷反应釜
6	盐酸	第 8 类腐蚀性物质	工业级、液体	塑料桶装	辅料库房、搪瓷反应釜
7	高锰酸钾	第 5.1 类氧化性物质	工业级、固体	袋装	辅料库房、含汞尾气处理设施
8	汞	第 8 类腐蚀性物质	99.999%	钢罐	产品库房

4.1.4.2 生产装置危险性识别

含汞试剂回收过程中涉及危险有害物质的主要装置或设施为搪瓷反应釜、蒸馏炉、冷凝器以及汞储存设施等。搪瓷反应釜、过滤槽等设备主要用于处理废甘汞和废含汞试剂,因人为因素和设备原因导致搪瓷反应釜或过滤槽内含汞液体物料发生泄漏,将会对周边环境造成污染;蒸馏炉或冷凝器内的汞蒸气因设备腐蚀或操作失误引起汞蒸气发生泄漏,不仅引起厂区及周边民居汞中毒,还会对大气环境造成严重污染。如汞的储存设施钢罐损坏泄漏,泄漏的液态汞不仅会污染周边水体和土壤生态环境,而且液态汞会挥发至空气中对人体造成危害;含汞类危险废物在收集运输的过程中如发生翻车事故,因其含大量的汞、铅、铜等重金属离子,也会对周边水体及土壤环境造成危害。

4.1.4.3 储存设施危险性识别

原料仓库内存有各种含汞的危险废物、盐酸、硫酸和硝酸。如各仓库发生火灾或泄漏,带来的危害也是灾难性的。除因作业人员不遵守相关规章会造成火灾外,如将浓硝酸与可燃性物质混放在一起,也会引起火灾事故的发生。其次浓硝酸、盐酸、硫酸或氢氧化钠如不慎与人体接触,将会对皮肤、眼睛造成灼伤。

4.1.5 废荧光灯处置过程风险识别

风险识别范围包括生产设施风险识别和生产过程所涉及的物质风险识别。

4.1.5.1 危险、危害物质识别

根据《危险化学品名录》《建设项目环境风险评价技术导则》和《危险化学品重大危险源辨识》,荧光灯处置过程中的主要危险化学品为汞,其属于有毒物质。

汞可以在生物体内积累,通过食物链进入人体,也很容易被皮肤以及呼吸道和消化道吸收。汞能够破坏中枢神经系统,长时间暴露在高汞环境中

可以导致脑损伤和死亡。汞剂对消化道有腐蚀作用,对肾脏,毛细血管均有损害作用。

汞在室内温度下饱和的汞蒸气已经达到了中毒剂量的数倍。汞中毒分急性和慢性两种:急性中毒有腹痛、腹泻、血尿等症状;慢性中毒主要表现为口腔发炎、肌肉震颤和精神失常等。

4.1.5.2　生产设施风险识别

含汞废荧光灯管的处置方式主要采用资源回收利用法和随生活垃圾填埋焚烧处理等。资源回收是对荧光灯管与其他垃圾分类处理,对其进行自动破碎、分类以及汞的分离回收,主要过程包括运输、破碎分离和汞蒸馏,使用的生产设备主要包括破碎分离设备、汞蒸馏设备以及辅助设备。填埋过程废荧光灯管随生活垃圾一起进入填埋场,主要过程包括运输、自动破碎和填埋;焚烧过程是废荧光灯管随生活垃圾一起进入焚烧厂,主要过程包括运输、自动破碎和焚烧。

不同的处置过程存在不同的风险,填埋过程中,废旧含汞荧光灯管的储运、自动破碎和填埋过程中存在污染物的泄露风险;焚烧过程中,废旧含汞荧光灯管的储运、自动破碎和焚烧存在污染物的泄露风险;资源回收利用过程中,废旧含汞荧光灯管的储运、碎分离和汞蒸馏过程中存在污染物泄漏风险。因此,填埋过程中存在的生产设施风险主要为储运设备、填埋场;焚烧过程中存在的生产设施风险主要为储运设备、焚烧装置;而资源回收利用过程主要存在储运设备、破碎分离设备和汞蒸馏设备。

4.1.5.3　储存设施危险性识别

原料仓库内一般存有待处理的废荧光灯,产品库里存有经资源化回收的产品。如各仓库发生火灾或泄漏,带来的危害也是灾难性的。除因作业人员不遵守相关规章会造成火灾外,废荧光灯储存仓库存在泄漏风险。如汞的储存设施损坏泄漏,泄漏的汞不仅会污染周边水体和土壤生态环境,而且液态汞会挥发至空气中对人体造成危害;废荧光灯在收集运输的过程中如发生翻车事故,也会对周边水体及土壤环境造成危害。处置后废渣堆放在渣场中,如随意堆放,经过雨水洗涤和径流作用,可转移到水体中;产生渗滤液也可能渗入地下,对土壤和地下水产生污染,并通过各种途径进入食物链。生物从环境中摄取的汞可以经过食物链的生物放大作用,最终在人体累积。

4.2 含汞废物处置过程的环境风险评估

4.2.1 风险评估技术概要

风险评估包括五个紧密相连的步骤,即风险识别、源项分析、后果计算、风险计算和评价、风险管理。风险评估技术主要指前四个步骤的定性、定量分析技术。通俗来说,风险评估就是评估后果严重程度有多大,发生的可能性有多大,以确定风险程度或级别,是否符合相应的规范、标准或要求。

风险识别是环境风险评估的基础,它主要通过定性分析及经验判断,识别评估系统的危险源或事故源、危险类型和可能的危险程度及确定其主要风险评估因子和重大危险源。风险源是指可能引起污染事故发生,从而对环境或生态系统或其组分产生不利作用的部分,是风险事件发生的先决条件。从环境受体、物质状态和传播途径等方面,事故风险源有不同的分类方法。从环境受体角度出发,环境风险源可分为水环境风险源、大气环境风险源、土壤环境风险源和健康风险源;从环境风险源的危害物质状态出发,环境风险源可分为气态环境风险源、液态环境风险源和固态环境风险源;从环境风险源传播方式出发,环境风险源可分为气态传播环境风险源和非气态(水、土壤)传播环境风险源。本文从便于主管部门在大气、水、土壤和健康保护的角度出发,按环境受体分类,来研究含汞废渣处置过程中的风险评估技术。明确风险源的环境受体,便于主管部门在事故情况下快速响应来做出决策。值得注意的是,一个风险源可同时存在多种环境受体,需综合考虑。

源项分析是对通过风险识别出的主要危险源作进一步分析、筛选,以确定最大可信事故,并对最大可信事故进行定量分析,确定有关源项参数,包括事故概率、毒物泄漏及其进入环境的可能转移途径和危害类型等,为事故对环境造成的影响计算提供依据。源项分析要定性和定量分析相结合,以定量为主,采用逻辑推导法。这些方法建立在统计学和概率论的基础上。

后果计算是对风险可能造成的最坏后果的定性或定量评估,可以用人身伤害、环境影响等来度量。根据有毒有害物质的类别、性质、可能危害及转移特征选择相应的方法和模型,预测最大可信事故对环境可能带来的危害后果和影响范围。

风险计算和评估是根据风险预测结果以及风险概率,计算有毒有害物质泄露后所造成的多种危害后果,综合列出其风险值。它不仅包括污染事件对周边敏感受体所产生的危害性影响,还包括环境风险释放的不确定性。根据风险评估的原则,计算确定环境污染、人身伤害等的具体范围和损害值。然后将最大可信事故风险值与同行业可接受风险水平进行比较。

风险评估的研究内容,包括急性污染事故影响和长期低浓度排放累积效应的风险。结合含汞废渣处置过程中的污染特点,从急性污染事故风险和长期低浓度排放累积的健康风险两个方面研究含汞废渣处置过程环境风险评估技术体系,详细解析了现有评估技术的具体内容和方法,总结了相应的技术体系,具体内容如图 4-1 所示。其中,急性污染事故风险评估包括水污染风险评估、大气污染风险评估和土壤污染风险评估三部分。健康风险评估主要是估计人群对污染物的暴露程度和产生负面效应的可能性之间的关系,估算暴露量的大小、暴露频率、暴露期和暴露途径,利用各途径的健康风险值来表征健康风险的大小。

原则上环境风险评估重点分析的对象为扩散转移速度快,对厂界内外环境有重大影响的有毒有害物质。鉴于该项目的特点,结合各危险有害物质在厂区内的存量,风险分析对象重点确定为含汞废物运输、汞蒸气泄漏、事故废水排放和土壤环境质量风险。

以含汞废渣的三种处置方式(尾矿库堆存、蒸馏回收处置、冶炼厂内回收利用)为例分析含汞废物处置过程的环境风险。经初步风险评估,原生汞

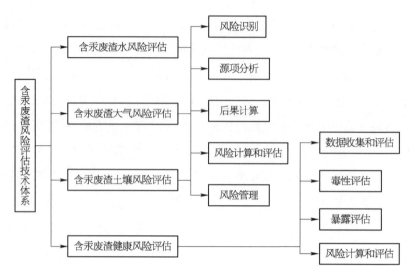

图 4-1 含汞废渣环境风险评估体系图

采选冶行业典型的处置过程为堆存,经过环境风险识别,堆存将对周边环境(水体、土壤、生态)产生风险,且对地下水的风险较大,为此,在调查矿山实际水文地质环境的基础上,应对尾矿库风险泄漏可能对地下水产生的影响进行评估。对典型的含汞废渣回收利用处置过程(再生汞企业),风险评估重点确定为含汞废渣运输、汞蒸气泄漏和事故废水排放。厂内回收企业将产生的含汞废渣在厂内直接回收利用,经过风险识别,该类型企业风险评估重点确定为水封集汞槽泄漏。

4.2.2 堆存场地废水渗漏风险评估

含汞废物露天堆存对地下水的影响主要表现为堆存场地没有防渗措施或者防渗措施不当,造成含汞的废水渗入地下污染包气带土壤及地下水含水层。在渗入过程中,包气带土壤对污染物有一定的截留作用,包气带土壤及含水层介质对重金属离子等污染物有一定的吸附作用,因此,含汞废物露天堆存处置着重讨论不同防污性能的包气带土壤条件下,含汞废渣露天堆存对地下水的影响及汞在地下水中的环境风险。

　　1）地下水污染风险分级

　　（1）分级依据。根据北京师范大学滕彦国、苏洁、翟远征等人（2012）的研究成果，地下水污染风险评估最初是针对地下水脆弱性评估而言，主要从含水层的自然属性条件出发。地下水脆弱性是污染物从主要含水层顶部以上某位置介入后，达到地下水系统某个特定位置的倾向或可能性，结合研究对象含汞废物露天堆存，含汞废水在防渗结构破裂的情况下，首先通过防渗结构底部的包气带垂直向下渗透后进入含水层中，并在含水层中迁移扩散，因此，尾矿库下游含水层的污染风险很大程度上与包气带的防污性能有关。

　　包气带的防污性能主要与包气带饱水状态的垂向渗透系数、包气带的厚度有关。包气带饱和垂向渗透系数越大，厚度越薄，污染物越容易穿过包气带进入含水层，含水层受污染的风险越大；反之，包气带饱和垂向渗透系数越小，厚度越大的地方，污染物越难以穿过包气带进入含水层，含水层受污染的风险越小。

　　因此，含汞废物堆存过程中地下水污染风险分级采用矩阵法，以包气带岩土体饱和垂向渗透系数及包气带厚度作为两个主要的评估因子，综合确定地下水含水层受污染的风险级别，将风险级别划分为高、中、低三个等级，见表 4-7。

表 4-7　地下水污染风险分级

地下水污染风险等级		包气带饱和垂向渗透系数(cm/s)		
		$\leqslant 10^{-7}$	$10^{-7} \sim 10^{-4}$	$\geqslant 10^{-4}$
包气带厚度(m)	$\geqslant 1.0$	低	中	高
	$0.5 \sim 1.0$	中	高	高
	< 0.5	高	高	高

备注：包气带岩土体指尾矿库基础之下第一岩（土）层。

　　以上等级基于包气带岩土体分布稳定且连续，分布不稳定或不连续风险等级为高。

　　（2）分级依据数据获取。有两种方式：①包气带岩土体的厚度。该参数主要通过工程地质或水文地质勘查来确定，包括岩土体的岩性、组成、厚度等参数均可获得。②包气带饱和垂向渗透系数。包气带饱和垂向渗透系数主要通过包气带渗水试验获得,渗水试验包括单环渗水试验及双环渗水试验。

2) 不同风险条件下尾矿废水中汞对地下水的环境风险评估

根据地下水污染风险分级,在不同的风险条件下,含汞的尾矿废水对地下水的影响程度、污染物在地下水中的迁移路径及扩散范围均不同。

3) 采用的数值模型

(1) 水流模型。根据项目区的地质及水文地质情况,将项目地层概化为非均质各向同性、空间二维结构稳定流系统,其水流数值模型如下。

① 水流模型控制方程

$$\frac{\partial}{\partial x}\left(K_{xx}\frac{\partial h}{\partial x}\right)+\frac{\partial}{\partial y}\left(K_{yy}\frac{\partial h}{\partial y}\right)+W=0 \quad (x,\ y)\in\Omega,\ t>0 \quad (4-1)$$

② 水流初始条件

$$H(x,\ y)=H_0(x,\ y) \quad (x,\ y)\in\Omega$$

③ 边界条件

第一类边界条件:

$$H(x,\ y,\ t)\ |_{\Gamma_1}=H_1(x,\ y,\ t) \quad (x,\ y)\in\Gamma_1,\ t>0 \quad (4-2)$$

第二类边界条件:

$$K\frac{\partial H}{\partial n}\Big|_{\Gamma_2}=q(x,\ y,\ t) \quad (x,\ y)\in\Gamma_2,\ t>0 \quad (4-3)$$

式中　K_{xx},K_{yy}——x,y方向的渗透系数(m/d);

　　　h——压力水头(m);

　　　W——源汇项(1/d);

　　　H_0——给定的初始压力水头(m);

　　　H_1——第一类边界给定的压力水头(m);

　　　q——在第二类边界条件上给定的通过边界的水流量(m³/d);

Ω——渗流场；

Γ_1——第一类边界条件；

Γ_2——第二类边界条件；

n——边界 Γ_2 的外法线方向；

$\mu_{外}$——给水度。

（2）溶质运移模型。本次溶质运移模拟，本着最不利因素出发，不考虑污染物在地下水体中的反应及吸附作用，只考虑对流弥散作用。

① 控制方程

$$R\theta \frac{\partial C}{\partial t} = \frac{\partial}{\partial x_i}\left(\theta D_{ij} \frac{\partial C}{\partial x_j}\right) - \frac{\partial}{\partial x_i}(\theta v_i C) - WC_s - WC \tag{4-4}$$

② 初始条件

$$C(x, y) = C_0(x, y) \quad (x, y) \in \Omega$$

③ 定解条件

第一类边界条件：给定浓度边界

$$H(x, y, t)\big|_{\Gamma_1} = H_1(x, y, t) \quad (x, y) \in \Gamma_1, t > 0 \tag{4-5}$$

第二类边界条件：给定弥散通量边界

$$\theta D_{ij} \frac{\partial C}{\partial x_j}\bigg|_{\Gamma_2} = f_i(x, y, t) \quad (x, y) \in \Gamma_2, t > 0 \tag{4-6}$$

式中　R——迟滞系数，[无量纲]，$R = 1 + \frac{\rho_b}{\theta} \frac{\partial \overline{C}}{\partial C}$；

ρ_b——介质密度 $[mg/(dm)^3]$；

θ——介质孔隙度（无量纲）；

C——组分浓度（mg/L）；

D_{ij}——水动力弥散系数张量（m^2/d）；

W——水流源汇项（1/d）；

C_s——组分的浓度（mg/L）；

C_0——已知浓度分布（mg/L）；

f——边界 $\varGamma_2$ 上的已知弥散通量函数;

$\varOmega$——渗流场;

$\varGamma_1$——第一类边界条件;

$\varGamma_2$——第二类边界条件。

4.2.3 汞蒸气泄漏事故风险评估

1) 源强估算

汞蒸气泄漏考虑单台蒸馏炉在汞冷凝系统出现堵塞或蒸馏炉内汞蒸气直接进入大气等故障,造成大气环境污染,首先识别企业的风险源项。

2) 预测模式

将参数代入式(4-1)可知,发生泄漏事故后,分别预测典型和不利气象条件(微风 $u=1.8$ m/s,静风 $u=0.8$ m/s 及 D 大气稳定度)下下风向有毒气体的浓度值。

3) 预测结果分析

汞蒸气具有高度的扩散性和较大的脂溶性,可通过呼吸道、皮肤及消化道吸收,经血液循环全身,并在肌体内蓄积,破坏大脑等器官,产生一系列神经性障碍、消化机能障碍疾病,主要有贫血、头痛、眩晕、失眠、记忆减退、抑郁、麻痹、肌肉无力、牙齿出血及脱落等,严重的出现幻觉、瘫痪、昏迷致死。

根据《大气污染物综合排放标准》(GB 16297—1996),大气中汞的无组织排放最高容许浓度为 0.001 5 mg/m³,由于汞蒸气泄漏事故对大气影响范围较大,在有风天气条件和静风天气条件下估算汞污染物对下风向环境控制质量产生影响的范围和最大浓度出现的区域,污染物浓度超标倍数和持续时间,估算出周围大气环境污染物浓度逐渐恢复至满足标准要求的时间。

通过分析汞蒸气泄露会产生的汞最大浓度,分析相应的事故应急对策。随着泄漏事故的结束,浓度值逐渐降低并恢复到满足标准的要求,事故处理应及时切断泄漏源或避免汞进入大气,避免长时间泄漏对厂界外环境空气发生影响。通过加强风险防范措施，制定灾害事故的防范措施和应急预案，可达到防范事故和减少危害的目的，其环境风险属于有条件可接受范围。

4.2.4　事故废水排放风险评估

厂区进入生产废水处理系统的废水包括洗浴废水、实验用水、设备清洗及地坪冲洗废水等。正常状况下，厂区废水经处理后全部作为生产补充水使用不外排。但事故状态下排入周边水体，将会对周边水体造成影响。汞或汞化合物泄漏进入水体后，不仅可造成水体中汞浓度超标，同时会通过各种途径污染生物。受污染的水会对流经土壤造成污染，汞进入土壤后 95% 以上能迅速被土壤吸持或固定，主要是土壤中含有的黏土矿物和有机质对汞有强烈的吸附作用，因此汞易累积在土壤中，并会对粮食、蔬菜等农作物造成污染。由于汞沉积在动植物中不分解并可传递，最终汞通过食物链逐级富集与转移，威胁人类的健康与安全。

为防止含汞事故废水的外排，同时考虑到火灾事故消防废水，需确定企业事故池容积是否可杜绝事故废水的外排。同时考虑厂区初期雨水收集池的容积是否会产生外排风险。

1) 事故池容积的确定

事故情况下总的废水产生量为工艺生产废水产生量和生活污水产生量之和，事故池应至少能收集 2 d 的事故废水。另外，根据《建筑防火设计规范》(GB 50016—2014)，考虑本工艺厂区同一时间最多发生一次消防事故，消防事故持续时间为 3 h，消防用水量为 15 L/s，则消防废水产生量为 162 m³/次。

2) 初期雨水收集池容积的确定

当地暴雨强度采用企业所在地暴雨强度公式计算：

$$q = [2\,223(1+0.767 \lg P)]/[(t+8.93P0.168)0.729] \quad (4-7)$$

式中　q——暴雨强度 [L/(s·m²)]；

t——汇流时间和管道流行时间,取 1;

P——重现期,取 2 年。

再根据公式计算初期雨水排放量:

$$Q = qF\Psi T \tag{4-8}$$

式中　Q——初期雨水排放量;

F——汇水面积(m^2);

Ψ——径流系数(0.4~0.9,取 0.7);

T——收水时间,一般取 15 min。

4.2.5　水封集汞槽泄漏事故风险评估

1) 风险源项分析

统计企业生产单元不同程度事故的发生概率,结合工艺工程特征,评估最大可信事故和事故发生概率。

一般为水封集汞槽泄漏事故。按照《建设项目环境风险评价技术导则》(HJ/T 169—2004)中的液体泄漏速率公式计算,计算公式如下:

$$Q_L = C_d A \rho \sqrt{\frac{2(p - p_0)}{\rho} + 2gh} \tag{4-9}$$

式中　Q_L——液体泄漏速率(kg/s);

C_d——液体泄漏系数,此值常用 0.6~0.64,取 0.62;

A——裂口面积(m^2);

p——容器内介质压力(Pa);

p_0——环境压力(Pa);

g——重力加速度,$g = 9.81 \ m/s^2$;

h——裂口之上液位高度(m)。

汞泄漏后,由于金属汞黏度小,流动性大,洒落地面形成大量小汞珠使蒸发面积扩大。汞在常温下即以蒸气形态进入空气,由于汞的比重大于空气,因此属于重气扩散。

汞泄漏后形成液池的最大直径取决于泄漏点附近的地域构型、泄漏的连续性或瞬时性。有围堰时,以围堰最大等效半径为液池半径;无围堰时,设定液体瞬间扩散到最小厚度时,推算液池等效半径。本工艺集汞槽下方设置汞回收容器,容器规格为 0.8 m×0.8 m×0.3 m。由于汞对木材、水泥等具有浸渗性,汞回收容器内涂刷防渗漆并铺设薄膜。假设汞完全充满容器,其液池半径为 0.8 m,液池高度为 0.09 m。汞泄漏后不会发生闪蒸和热量蒸发,仅有质量蒸发。质量蒸发速度为

$$Q_3 = a \cdot \frac{pM}{RT_0} \cdot u^{\frac{2-n}{2+n}} \cdot r^{\frac{4+n}{2+n}} \tag{4-10}$$

式中　Q_3——质量蒸发速度(g/s);

　　　a, n——大气稳定度系数;

　　　p——液体表面蒸气压(Pa),汞蒸气压为 0.373 3 Pa/25 ℃;

　　　R——气体常数[J/(mol·K)];

　　　T_0——环境温度(K);

　　　u——风速(m/s);

　　　r——液池半径(m)。

2) 后果分析

(1) 毒物危害。依据《工业场所有害因素职业接触限值第 1 部分: 化学有害因素》(GBZ 2.1—2007)计算汞蒸气毒性。

(2) 事故泄漏影响预测。汞分子量较大容易形成贴地重气团,这时的扩散主要是空气从顶部和侧面进入、污染物从侧面挤出导致气团体积扩大从而稀释浓度,这个过程称为坍塌扩散。当浓度稀释到一定的程度后,湍流扩散重新占主导,这时可用高斯烟团模型模拟。汞扩散初期按《建设项目环境风险评价技术导则》(HJ/T 169—2004)推荐的重气体扩散模式预测,气团扩散模式按照下列公式计算。

在重力作用下的扩散:

$$\frac{\mathrm{d}R}{\mathrm{d}t} = \left[Kg\,h\,(\rho_2 - 1)\right]^{\frac{1}{2}} \quad \text{（重气云团半径的变化速率）} \qquad (4-11)$$

在空气的夹卷作用下扩散：

$$Qe\,\frac{\mathrm{d}R}{\mathrm{d}t} = \gamma\,\frac{\mathrm{d}R}{\mathrm{d}t} \quad \text{（从烟雾的四周夹卷）} \qquad (4-12)$$

$$Ue = \gamma\,\frac{\alpha\,u_1}{R_i} \quad \text{（从烟雾的顶部夹卷）} \qquad (4-13)$$

式中　R——瞬间泄漏的烟云形成半径；

　　　h——圆柱体的高；

　　　γ——边缘夹卷系数，取 0.6；

　　　α——顶部夹卷系数，取 0.1；

　　　U_1——风速（m/s）；

　　　K——试验值，一般取 1；

　　　R_i——Richardon 数。

按公式计算可知水封式集汞槽破裂，泄漏后发生污染物扩散情况下，预测小风、年均风速，不同稳定度（B、D、E）条件下，不同时间不同距离汞的落地浓度。

4.2.6　堆存渣场汞暴露风险评估

重金属污染物进入土壤后，会经呼吸、饮水、直接摄入、皮肤吸收以及摄入食物等暴露途径引起风险。有关重金属污染的健康风险研究，目前广泛应用的评估方法是暴露评估，主要通过重金属-介质-人体的暴露途径，建立暴露评估模型计算暴露剂量，以及建立污染物质健康风险评估模型计算重金属致癌风险值，从而对重金属污染风险进行评估，污染介质主要包括空气、水体、蔬菜、粮食以及皮肤接触和直接摄入等。其中土壤-食物链-人体暴露途径一直是健康风险评估中关注的重点内容。

3MRA(the multimedia, multi-pathway, multi-receptor exposure and risk assessment)模型建立遵循质量守恒规则,可模拟多种污染物的物理化学特性以及对人类、生态受体造成的影响,适用于废物堆存、填埋场、曝气池、蓄水池和土地利用五类废物管理模式的环境风险表征。3MRA 软件逻辑运算过程,模型的输入数据包括废物管理单元、气象、地质和食物链等是通过 GIS 技术以代表位点的形式整合而成,具有较高的精确性。模拟得到的化学污染物浓度称之为"豁免水平",即根据既定的可接受风险值推算出污染物的安全浓度阈值,当污染物实际浓度低于这个"阈值"时,则认为在非危险废物处置单元中处置该类型废物对人类、生态是安全的。3MRA 模型体系关系如图 4-2 所示。

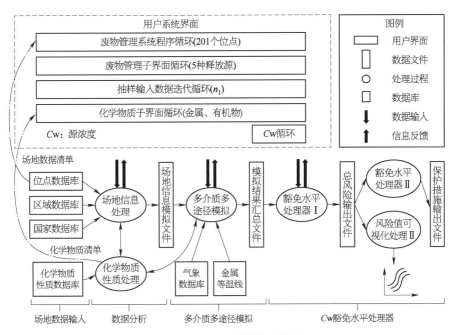

图 4-2　3MRA 模型体系关系

对于堆场来说,可以采用由美国环境保护署(EPA)颁布的 3MRA 模型。焚烧模型是根据美国环保署(EPA)制订的环境风险评估模型基本步骤,主要应用于焚烧型点源连续排放污染风险评估。一般情况下需考虑污染源类型,污染物传播途径以及不同介质间交换。这里采用高斯模型进行模拟:

$$C(x, y, z) = \frac{Q}{2\pi\sigma_y\sigma_z u}\exp\left\{-\frac{1}{2}\left(\frac{y}{\sigma_y}\right)^2\right\} \cdot$$

$$\left\{\exp\left[-\frac{1}{2}\left(\frac{z-H}{\sigma_z}\right)^2\right] + \exp\left[-\frac{1}{2}\left(\frac{z+H}{\sigma_z}\right)^2\right]\right\} \quad (4-14)$$

式中　Q——连续排放速率(mass/time; $\sigma\sigma\sigma$ss/time)型;

　　　x, y, z——方向上的扩散系数;

　　　u——风速(length/time);

　　　x——下风向任一点位置(length);

　　　y——烟气中心轴在直角水平面上到任意点的距离;

　　　z——任意点的高度;

　　　H——污染源高度。

在评估对人群造成风险由污染物的毒性及人群暴露量为依据,暴露量计算公式为

$$I_N = \frac{C \times CR \times EF \times ED \times RR \times Abs}{BW \times AT} \quad (4-15)$$

式中　I——摄入量(mg/kg/d);

　　　C——浓度(mg/L);

　　　CR——接触量(L/d);

　　　EF——暴露频率(d/年);

　　　ED——暴露时间长度(年);

　　　RR——保留率;

　　　Abs——吸收率;

　　　BW——体重(kg);

　　　AT——平均时间(d)。

模型采用蒙特卡罗方法(Monte Carlo method)进行不确定性分析。蒙特卡罗方法也称统计模拟方法,是一种以概率统计理论为指导的一类非常重要的数值计算方法,是指使用随机数(或更常见的伪随机数)来解决很多计算问题的方法。因此,对存在不确定的量需要有一组可靠的样本,样本量

越大准确度越高,这样才能使随机数分布更为准确。确认不确定量及其随机数分布之后,通过算法可以得到模型的数值解。

4.3　含汞废物处置事故条件下的环境风险评估案例

4.3.1　含汞废物露天堆存处置过程风险评估

4.3.1.1　含汞废物堆存对地下水影响的风险评估

汞矿山尾矿主要堆积在尾矿库中,尾矿处置过程对地下水的影响主要表现为由于尾矿库没有防渗措施或者防渗措施不当,造成含汞的尾矿废水渗入地下污染包气带土壤及地下水含水层。在渗入过程中,包气带土壤对污染物有一定的截留作用,包气带土壤及含水层介质对重金属离子等污染物有一定的吸附作用,因此,本次研究着重讨论不同防污性能的包气带土壤条件下,尾矿废水渗入地下对地下水的影响及污染物在地下水中的迁移扩散。

为了表征包气带土壤的防污性能,根据包气带的饱和垂向渗透系数及包气带土层的厚度,将由于包气带土层防污性能的不一致导致的地下水含水层污染风险划分为高、中、低三个等级,并根据不同等级进行了汞在含水层中的迁移扩散预测,采用数值模拟技术,对某汞矿山尾矿库在不同地下水污染风险条件下对地下水的影响及污染物迁移扩散进行预测评价。

1) 某汞矿山尾矿库基本情况

(1) 尾矿库建设情况。某汞矿山尾矿库设计服务年限 8 年,主要建设内容包括初期坝、排水井、排水隧道及拦洪坝。初期坝坝底高程 850 m,坝顶高程 885 m,坝高 35 m,坝顶宽 4 m,坝长 94 m,采用碾压堆石坝,上下游边坡均为 1∶2.0,初期坝内有效库容 $23.3×10^4$ m³,可服务 3.75 年。后期尾矿堆积坝采用上游法尾矿筑坝,后期堆积坝边坡 1∶4,尾矿最终堆积标高 900 m,堆高 15 m,总坝高 50 m,总库容 $52.74×10^4$ m³,有效库容 51×

10^4 m³,可为矿山服务 8.23 年。

(2) 库区自然条件概况。①地形地貌。库区属秦岭南麓剥蚀中低山区,山脊多呈东西向展布,地势总体北高南低,地形起伏较大,尾矿库所在地地面最低高程为 850 m,属中低山陡坡地形;②气象水文。库区范围内无大的地表水体,竹筒河自西向东蜿蜒流经库区南侧,与崖屋河汇合后转向南排泄,直入汉江,青铜沟为其直流,竹筒河流量一般为 0.4 m³/s,小青铜沟特征同大青铜沟,流量一般小于 0.01 m³/s,最大流量 0.137 m³/s。

矿区地处亚热带北缘,属亚热带山地温湿气候区,根据旬阳县气象站历年观测资料:年平均气温 14.8 ℃,年平均降雨量 859.4 mm,年平均蒸发量 1 395.9 mm,相对湿度 69.3%。

(3) 库区地层。库区主要分布有第四系全新统(Q_4)松散地层,基岩为泥盆系下统西岔河组(D_1x)之长石石英细砂岩、石英细砂岩、粉砂千枚岩及少量砂砾岩,大青铜沟至青铜沟口的排洪隧洞在下游段穿越泥盆系下统公馆组(D_1g)之白云岩。

第四系全新统主要耕植土(Q_4^{ml})及碎石土(Q_4^{dl})组成。耕植土由粘性土、粉土及砂砾组成,厚度 0.3~2.0 m;碎石土主要系坡积成因,部分为冲积成因,碎石大小不等,含块石、漂石,厚度 0.8~8.3 m。

泥盆系下统西岔河组(D_1x)该组地层主要由长石石英细砂岩、石英细砂岩、粉砂千枚岩及少量砂砾岩组成。

泥盆系下统公馆组(D_1g)该层主要岩性为白云岩,岩体节理裂隙较发育,岩体较破碎~较完整,局部破碎。

(4) 库区水文地质条件。库区地形陡峻,有利于大气降水、地表水和地下水的排泄,第四系厚度较薄且分布不广,含少量孔隙潜水,库区地下水主要为基岩裂隙水。

根据勘察,泥盆系下统西岔河组(D_1x)之长石石英砂岩及少量的泥(砂)质千枚岩,比较完整,是较好的隔水层,赋存弱裂隙水。泥盆系下统公馆组白云岩节理裂隙较发育,为主要含水层,赋存中等裂隙水。

东西向断层以压性为主的压扭性断层,经坑道揭露观察其结构紧闭,未发现渗水、涌水,说明此组断层为一隔水构造。南北向断层属张扭性断层,在坑道掘进过程中常见涌水现象,抽水试验表明:其涌水量 0.305 L/s,单位涌水量 0.015 95 L/(s·m),渗透系数 0.026 64 m/d,说明该方向发育的断层为库区的主要充水和导水构造,但与库区缺乏水力联系。北西—南东向断层,在工程内未见涌水和漏水现象,说明此组断层含导水微弱。

大气降水为库区地下水的主要补给来源,库区大部分基岩裸露,构造发育,地表岩石比较破碎,大气降水通过地表风化带、构造裂隙灯下渗补给地下水。地表水的下渗是地下水补给的又一来源,大、小青铜沟的地表水体通过不同的张性、张扭性断裂构造破碎带及节理裂隙补给地下水,成为地下水的补给来源。

2) 水文地质概念模型

通过对周边地质及水文地质条件的分析,将概念模型的范围定为两侧以山谷分水岭为界,直至尾矿库下游 5 km 的区域范围,将该范围内的含水层概化为一层,即潜水含水层,底部边界直至隔水层。

水文地质参数主要收集矿区历年的抽水试验、渗水试验等试验数据,并通过模拟自动反演计算给出最优的参数分区。另外地下水溶质运移模型参数主要为弥散度,而弥散度的确定相对比较困难。本次弥散度的取值参考前人研究成果取经验值。

3) 模拟软件的选取

在建立水文地质概念模型、数学模型的基础上,运用基于有限差分法的MODFLOW 软件包建立了评价区的地下水流数值模型,经参数识别与模型检验后,对评价区地下水流系统进行模拟分析,作为地下水溶质运移模拟的基础。模拟软件采用加拿大 Waterloo Hydrogeologic Inc. 在美国地质调查局 MODFLOW 软件(1984 年)的基础上应用可视化技术开发研制的 Visual MODFLOW 软件进行含汞废物露天堆存的风险评估。

4) 地下水泄露风险评估

根据风险分级,地下水污染风险分为高、中、低三级,不同的风险条件下,污染物的源强不同,具体的源强计算见表 4-8。源强中单位面积泄漏量根据包气带土层的渗透系数估算,汞的浓度根据实测数据确定。

表 4-8　不同风险条件下的源强

风险条件	单位面积渗漏量(m³/d)	渗漏浓度(mg/L)
高	8.64×10^{-2}	0.021
中	8.64×10^{-4}	0.021
低	8.64×10^{-5}	0.021

将上述三个风险条件下的污染源设置为浓度边界,污染源位置按实际位置概化。由于污染物在地下水系统中的迁移转化过程十分复杂,包括扩散、吸附、解吸、化学反应及生物降解等作用,这些作用都可能会对污染物在地下水系统的运移造成影响。本次研究本着风险最大原则,只考虑污染物在地下水系统中的对流、弥散作用,不考虑地层的吸附、解吸作用,不考虑化学反应及生物降解等作用。

(1) 模拟时段设置。本次模拟时段设置为 30 年,一共 10 950 d。

(2) 模拟因子选择。本次预测选择汞作为预测因子。

(3) 各风险条件下汞迁移扩散研究。经过预测,在各风险条件下,尾矿库下伏的包气带岩土层由于防污性能的差异,尾矿废水渗入地下以后,进入含水层中,在含水层中发生扩散,并同时向下游迁移,30 年内的污染迁移情况见表 4-9,各风险条件下的污染晕范围如图 4-3～图 4-5 所示。

表 4-9　各风险条件下汞迁移情况

风险条件	预测时间(d)	最大迁移距离(m)	超标面积(m²)	污染晕最大浓度(mg/L)	超标倍数
高风险条件	1 000	108.5	4 030.17	0.10	99
	3 000	234.6	11 577.96		
	5 000	362.7	20 008.89		
	10 950	729.6	53 195.79		
中风险条件	1 000	77.5	1 647.06	0.006	5
	3 000	178.8	5 109.24		

（续表）

风险条件	预测时间(d)	最大迁移距离(m)	超标面积(m²)	污染晕最大浓度(mg/L)	超标倍数
中风险条件	5 000	272.9	8 356.56	0.006	5
	10 950	488.9	16 165.51		
低风险条件	10 950	/	/	0.000 25	/

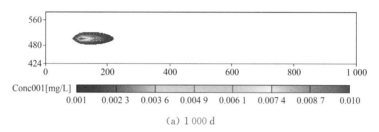

（a）1 000 d

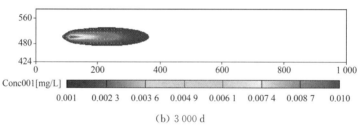

（b）3 000 d

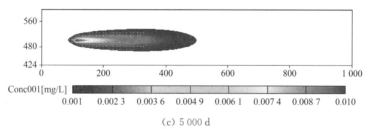

（c）5 000 d

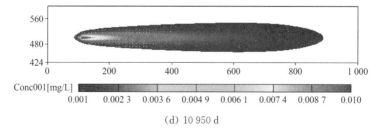

（d）10 950 d

图 4 - 3　高风险条件下汞迁移 1 000 d、3 000 d、5 000 d、10 950 d 污染晕

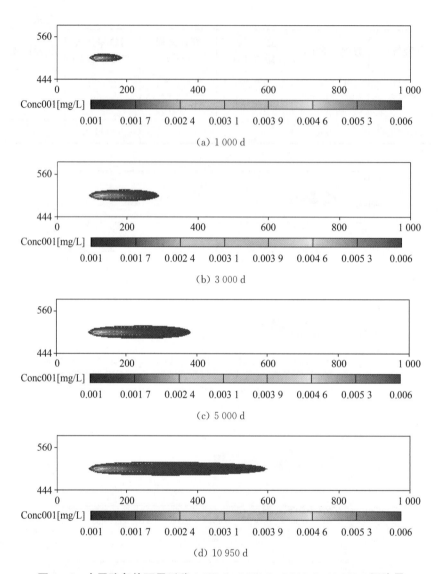

图 4 – 4　中风险条件下汞迁移 1 000 d、3 000 d、5 000 d、10 950 d 污染晕

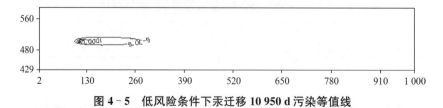

图 4 – 5　低风险条件下汞迁移 10 950 d 污染等值线

从上述表及图可以看出,随着风险的增加,汞的迁移距离越来越大,扩散的污染晕面积也越来越大,被污染的地下水面积也越来越大。在防渗措施得当,含汞的尾矿废水几乎不对地下水造成影响。

预测结果表明,对应包气带土层防污性能最差的高风险条件下,汞在含水层中的迁移距离最远,扩散面积最大,受污染的地下水越多。在防污性能良好,并采取相应等级的防渗措施,汞矿山尾矿堆存在尾矿库不会对地下水环境造成明显不利影响。

4.3.1.2　含汞废渣露天堆存场周边人体暴露评估

针对含汞废物采用的处理方式与治理现状,应用 3MRA 风险评估模型对不同处置方式下的含汞污染物在环境中迁移转化的过程和暴露情况进行模拟计算与可视化处理,通过评估在不同设定条件下三种处理模式安全处置污染物汞的安全阈值,为废物处理方案选择提供数据信息和理论依据。

1) 矿区基本信息

本研究选定的汞矿渣污染物场地所在区域属亚热带季风性湿润气候,冬春潮湿夏季半湿润型,四季分明,冬冷夏热;地质结构属于松散岩类工程地技岩组,以上层滞水、孔隙水和基岩裂隙、岩溶裂隙水等地下水类型为主。场址附近河流属山区雨源性河流,流域面积约 100 km²。含汞废渣堆放高度约 30 m,不分层,占地面积为 8 000 m²,土地污染层厚度为 0.3～0.5 m。

2) 汞暴露途径分析

结合现场调研、文献资料分析以及模型特性,考虑的人群暴露途径见表 4 - 10。

3) 模拟实验方法与数据库构建

本研究采用 3MRA 区域性环境风险模拟方法,要求废物管理单元、气候、地质和水文等方面的输入数据以位点形式进行集合,且恰当地涵盖含汞废渣场地的数据范围,以降低模拟的不确定性,并确保经蒙特卡罗分析法概化出的场地化学污染物浓度即"豁免水平"的准确性与可信性。基于上述案例基本信息,甄选 23 个位点构建案例模拟所需的输入数据库。模型运行主要参数选择为:污染物 Hg,废物级别 1～5 级,蒙特卡罗迭代次数 11 031。

模拟实现过程分为三个阶段进行,即分别对废物堆存(WP)、堆存-填埋(WP-LF)、堆存-填埋-土地利用(WP-LF-LAU)三种废物管理模式下的区域环境风险进行模拟,而后根据模拟所得的数据信息进行可视化处理与分析,使模拟结果更为直观。

表4-10 汞污染物暴露途径

暴露途径	摄入			吸入		
暴露介质	土壤	地下水	地表水	空气	地下水	地表水
一次暴露	经口摄入	饮水	饮水	呼吸、皮肤吸收	淋浴、皮肤吸收	淋浴、皮肤吸收
二次暴露	母乳、农作物吸收、鱼肉类	母乳、农作物吸收(植物吸收、灌溉)、鱼肉类、奶制品	母乳、农作物吸收(植物吸收、灌溉)、鱼肉类、奶制品	母乳、农作物吸收	母乳	母乳

4) 风险估算

本研究是针对居住在案例附近人群进行的健康风险评估,所以采用单污染物(汞)风险表征人群健康风险。虽然汞是无阈值的污染物,任意浓度的汞都会对人类及生态系统造成危害,但由于人体自身存在一定的汞负荷且不可能完全消除环境中暴露的汞,故将汞视为有阈值的污染物进行评估。汞为非致癌物质,不产生致癌毒性,故探讨其非致癌风险。

非致癌风险的计算公式为

$$HQ = \frac{D}{RfD} \tag{4-16}$$

式中　HQ——非致癌危害商;

　　　D——非致癌污染物的单位体重日均暴露剂量;

　　　RfD——暴露途径下的参考剂量$[mg/(kg^{-1} \cdot d)]$。

当$HQ \leqslant 1$时,表示非致癌风险在可接受范围内;当$HQ > 1$时,表示风险不可接受。

5) 模拟结果与讨论

　　WP 和 WP - LF 是汞矿区目前在治理含汞废渣中普遍采用的处置方式，而 WP - LF - LAU 处置模式是本研究做出的一种理想化假设(离城区较近的情况)，所以，下文中主要对这三种废物处置方式下的污染物阈值进行讨论。本次模拟选汞(Hg)作为目标污染物，在 99％人群(距案例场地 500 m 区域)保护比，95％置信水平(保护概率)，危害商 HQ 为 1，人类受体风险上限值为 10^{-6} 的参数设置下，运行 3MRA 模型，模拟所得废物安全处置阈值见表 4 - 11。

表 4 - 11　废物安全处理阈值/物安全处理阈

暴露途径	WP	WP - LF	WF - LF - LAU
吸入	10	10	10
摄入	5.5	8.5	6.63

　　由表 4 - 11 可见，在同等条件下，三种废物处置模式在两种不同的暴露途径下模拟所得的污染物安全处置阈值存在一定的差异：吸入暴露途径下三种废物处置模式的污染物安全处置阈值相同且均高于摄入暴露途径模拟下的安全阈值。根据该项数据可以判断出，在污染物浓度确定时，矿区居民在汞摄入暴露途径下的潜在风险危害大于吸入暴露途径。依照安全剂量选择原则，废物最佳处置模式选择实验中应将摄入暴露途径作为主要参考模拟途径。此外，在摄入暴露途径中，WP - LF(堆存-填埋)结合的废物处置模式较其他两种废物处置模式的最低安全阈值分别高出 3.0 μg/g、1.87 μg/g，以当代技术发展水平来看，在达到人群受保护同等的条件下，污染物浓度上限值较高的废物处置方法更符合实际，所以，可初步认为 WP - LF 的废物处置模式处置效率优于 WP、WP - LF - LAU。

　　6) 模拟结果可视化分析

　　为进一步验证上述结论，运用 3MRA 豁免水平处理器 Ⅱ，在不同的参数设置下，将三种废物处置方式的全部模拟结果进行可视化处理，如图 4 - 6 所示。

　　模拟结果显示，废物安全处置方式下污染物阈值的大小随模拟径向距离、保护对象和风险标准的不同而变化。当径向距离、保护对象和危害商一

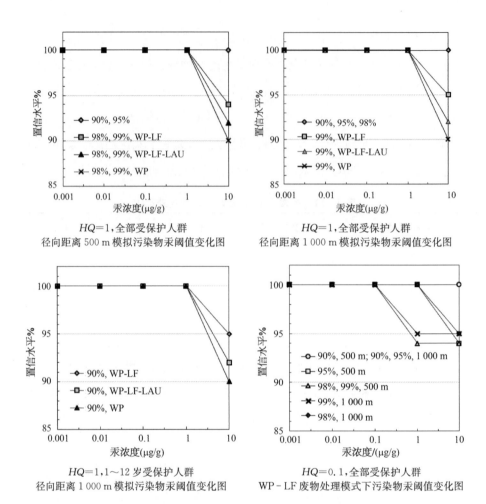

图 4-6　3MRA 可视化

定时,污染物阈值会随人群保护比和置信水平(保护概率)的变化而改变。

7) 人体健康风险评估小结

距案例场地 500 m 区域内,矿区居民在汞摄入暴露途径下的潜在风险危害大于吸入暴露途径。在摄入暴露途径模拟中,保护比和置信水平一定时,WP、WP-LF、WP-LF-LAU 这三种废物处置模式下计算出的污染物非致癌风险阈值会随距案例径向距离的增加而增加或不变。其中,WP-LF 废物处置方式在模拟距离发生变化时表现出较好的伸缩性,而且在保护比、污染物阈值一定时,置信水平均保持最高。认为 WP-LF 的废物处置模式是本案例含汞废物处置的最佳选择方案。在模拟距离、风险等级确定时,与全部人群相比,敏感暴露群体在相同人群保护比和置信水平下,污染物阈值会下降。风险标准会对污染物阈值的确定产生数量级的影响。

4.3.2　含汞废物回收利用处置过程风险评估

针对某再生汞生产企业对含汞废渣处置工艺,原则上环境风险评估重点分析的对象为扩散转移速度快,对厂界内外环境有重大影响的有毒有害物质。鉴于该工艺的特点,结合各危险有害物质在厂区内的存量,风险分析对象重点确定为含汞等重金属废渣运输、汞蒸气泄漏和事故废水排放。

4.3.2.1　含汞等重金属废渣运输事故风险程度预测

工艺的原料为废汞、含汞化工污泥等,都属于危险废物,从国内相关企业收集后,用汽车运到厂区,年运输量 42 000 t,汽车运输罐车为常压、常温。运输的风险特性见表 4 - 12。

表 4 - 12　运输的风险特征

环节	风险类型	危害	原因简析
装卸	泄漏	财产损失;污染环境	装卸设备故障;操作失误
运输		污染土地资源;污染生态环境;污染水环境;财产损失;人员伤亡	碰撞、翻车等交通事故,储存设施破损等

由表 4 - 12 可知,企业应加强含汞等重金属废渣运输的管理,严格按照《危险废物转移联单管理办法》的要求进行转移,运输路线尽量避开人口稠密区及风景名胜区等环境敏感区域,完善运输过程中安全、环保设施,可降低或避免含汞、锑等重金属废渣运输的风险,以及运输过程中对环境的影响。

4.3.2.2　汞蒸气泄漏事故风险程度预测

1) 源强估算

汞蒸气泄漏考虑单台蒸馏炉在汞冷凝系统出现堵塞或蒸馏炉内汞蒸气直接进入大气等故障,造成大气环境污染,风险源项见表 4 - 13。

表 4‑13　汞蒸气泄漏事故风险源项

事故类别	事故设备装置	最大释放速率	废气温度	持续时间	泄漏量	释放高度
汞蒸气泄漏	蒸馏炉	0.4 kg/min	600 ℃	10 min	4.0 kg	3 m

2）预测模式

将参数代入式(4‑1)可知,发生泄漏事故后,分别预测典型和不利气象条件(微风 $u=1.8\,\mathrm{m/s}$,静风 $u=0.8\,\mathrm{m/s}$ 及 D 大气稳定度)下下风向有毒气体的浓度值,预测结果见表 4‑14。

表 4‑14　汞蒸气泄漏事故下风浓度预测

浓度项目		下风向各处污染物浓度(mg/m³)											
	下风向距离(m)　时间(min)	0	100	300	500	800	1 000	1 500	2 000	4 000	8 000	12 000	14 000
微风	5	0	3.377 0	2.126 6	0.231 4	0	0	0	0	0	0	0	0
	10	0	3.377 0	2.126 6	1.012 7	0.421 8	0.063 7	0	0	0	0	0	0
	20	0	0	0	0	0.049 2	0.259 3	0.160 2	0.016 9	0	0	0	0
	40	0	0		0	0	0	0	0	0.004 7	0	0	0
	60	0	0	0	0	0	0	0	0	0.002 6	0	0	0
	80	0	0	0	0	0	0	0	0	0	0.001 2	0	0
	100	0	0	0	0	0	0	0	0	0	0.003 8	0	0
	120	0	0	0	0	0	0	0	0	0	0	0.000 5	0
	140	0	0	0	0	0	0	0	0	0	0	0.001 9	0.000 4
	180	0	0	0	0	0	0	0	0	0	0	0	0.000 4
静风	5	0.912 8	2.190 2	0.094 3	0.000 5	0	0	0	0	0	0	0	0
	10	0.941 1	2.289 1	0.282 8	0.058 8	0.002 5	0.000 1	0	0	0	0	0	0
	20	0.000 5	0.014 9	0.038 4	0.051 9	0.030 6	0.014 6	0.001 1	0	0	0	0	0
	40	0.000 1	0.000 6	0.001 1	0.001 6	0.002 6	0.003 1	0.003 5	0.002 4	0	0	0	0
	60	0	0.000 1	0.000 2	0.000 3	0.000 4	0.000 5	0.000 8	0.000 9	0.000 2	0	0	0

3）预测结果分析

汞蒸气具有高度的扩散性和较大的脂溶性，可通过呼吸道、皮肤及消化道吸收，经血液循环全身，并在肌体内蓄积，破坏大脑等器官，产生一系列神经性障碍、消化机能障碍疾病，主要有贫血、头痛、眩晕、失眠、记忆减退、抑郁、麻痹、肌肉无力、牙齿出血及脱落等，严重的出现幻觉、瘫痪、昏迷致死。

根据《工业企业设计卫生标准》(GBZ 1—2010)，居住区大气中汞一次最高容许浓度 0.000 9 mg/m³，由表 4-14 可见：汞蒸气泄漏事故对大气影响范围较大，其中有风天气条件下：汞污染物会对下风向 14 000 m 环境空气质量产生一定的影响，超标范围 0～12 000 m，最大浓度 3.377 0 mg/m³ 出现在下风向 100 m 的地方，污染物浓度值超标 3 752 倍，持续时间与泄漏时间相同，即 10 min 内；静风天气条件下：汞污染物会对下风向 3 000 m 环境空气质量产生一定的影响，超标范围 0～2 000 m，最大浓度 2.289 1 mg/m³ 出现在 100 m 处，污染物浓度值超标 2 543 倍，持续时间与泄漏时间相同，即 10 min 内。随着泄漏事故的结束，在 60～180 min 后周围大气环境污染物浓度逐渐恢复到满足标准的要求。

以上分析可知，发生汞蒸气泄漏事故后，在泄漏时间内对现场有较大影响，汞最大浓度 3.377 0 mg/m³，此浓度下操作人员须佩带相应的防毒用具，随着泄漏事故的结束，浓度值逐渐降低并恢复到满足标准的要求，事故处理应及时切断泄漏源或避免汞进入大气，避免长时间泄漏对厂界外环境空气发生影响。通过加强风险防范措施，制定灾害事故的防范措施和应急预案，可达到防范事故和减少危害的目的，其环境风险属于有条件可接受范围。

4.3.2.3　事故废水排放风险程度预测

厂区进入生产废水处理系统的废水包括洗浴废水、实验用水、设备清洗及地坪冲洗废水等，产生量为 38.7 m³/d，汞含量为 1 mg/L，正常状况下，经处理后全部作为生产补充水使用不外排。但事故状态下排入周边水体，将会对周边水体造成影响。根据测试结果可知，事故状态下生产废水的排放将会对周边水体造成严重污染，汞超标 14.2 倍，其变化幅度高达 5 980%，变化幅度极大。汞或汞化合物泄漏进入水体后,不仅可造成水体中汞浓度超标,同时会通过各种途径污染生物。受污染的水会对流经土壤造成污染,汞进入土壤后95%以上能迅速被土壤吸持或固定,主要是土壤中含有的黏土矿物和有机质对汞有强烈的吸附作用,因此汞易累积在土壤中,并会对粮食、蔬菜等农作物造成污染。由于汞沉积在动植物中不分解并可传递,最终汞通过食物链逐级富集与转移,威胁人类的健康与安全。为防止含汞事故废水的外排,同时考虑到火灾事故消防废水,建议在厂区东北面地势较低处,设置1个容积为300 m³ 事故池,杜绝事故废水的外排。同时在厂区东北面地势最低处设置一个容积为1 800 m³ 初期雨水收集池,以收集初期雨水。

1) 事故池容积的确定

本工艺生产废水产生量为38.7 m³/d,生活污水产生量为8.5 m³/d,事故情况下总的废水产生量为47.2 m³/d,事故池应至少能收集2 d 的事故废水,因此事故池容积应至少为100 m³/d。

另外,根据《建筑防火设计规范》(GB 50016—2014),考虑本工艺厂区同一时间最多发生一次消防事故,消防事故持续时间为3 h,消防用水量为15 L/s,则消防废水产生量为162 m³/次。

综上所述,本评价将事故池设置为300 m³。

2) 初期雨水收集池容积的确定

当地暴雨强度采用暴雨强度公式计算:

$$q = [2\,223(1+0.767\lg P)]/[(t+8.93P0.168)0.729] \quad (4-17)$$

式中　q——暴雨强度[L/(s·hm²)];

　　　t——汇流时间和管道流行时间,取1;

　　　P——重现期,取2年。

计算得到 $q = 474.7$ L/(s·hm²),再根据

$$Q = qF\Psi T \quad (4-18)$$

式中 Q——初期雨水排放量;

F——汇水面积(m^2);

Ψ——径流系数(0.4~0.9,取 0.7);

T——收水时间,一般取 15 min。

本工艺厂区占地面积 8.8 hm^2,前 10 min 初期雨水量为 1 754.5 m^3,因此初期雨水收集池容积修建为 1 800 m^3。

4.3.3 含汞废物内部回收利用过程风险评估

以有色金属冶炼企业为例,某企业的酸泥回收汞工艺中,使用的一些物料具有腐蚀性、毒性等危险性,生产中若有管理及操作不当,可能发生环境风险事故。

企业生产单元不同程度事故的发生概率见表 4 - 15。结合本工艺工程特征,评价将水封集汞槽泄漏作为最大可信事故,事故发生概率为 1.0×10^{-5} 次/年。

表 4 - 15 不同程度事故发生的概率与对策措施

序号	部件类型	泄漏模式	泄漏概率
1	容器	泄漏孔径 1 mm 泄漏孔径 10 mm 泄漏孔径 50 mm 整体破裂 整体破裂(压力容器)	5.00×10^{-4} 次/年 1.00×10^{-5} 次/年 5.00×10^{-6} 次/年 1.00×10^{-6} 次/年 6.50×10^{-5} 次/年
2	内径≤50 mm 的管道	泄漏孔径 1 mm 全管径泄漏	5.70×10^{-5} 次/m/年 8.80×10^{-7} 次/m/年
3	50 mm<内径≤150 mm 的管道	泄漏孔径 1 mm 全管径泄漏	2.00×10^{-5} 次/m/年 2.60×10^{-7} 次/m/年
4	内径>150 mm 的管道	泄漏孔径 1 mm 全管径泄漏	1.10×10^{-5} 次/m/年 8.80×10^{-8} 次/m/年
5	离心式泵体	泄漏孔径 1 mm 全管径泄漏	1.80×10^{-3} 次/年 1.00×10^{-5} 次/年

序号	部件类型	泄漏模式	泄漏概率
6	往复式泵体	泄漏孔径 1 mm 全管径泄漏	3.70×10^{-3} 次/年 1.00×10^{-5} 次/年
7	内径≤150 mm 手动阀门	泄漏孔径 1 mm 泄漏孔径 50 mm	5.50×10^{-2} 次/年 7.70×10^{-8} 次/年
8	内径≥150 mm 手动阀门	泄漏孔径 1 mm 泄漏孔径 50 mm	5.50×10^{-2} 次/年 4.20×10^{-8} 次/年
9	内径≥150 mm 驱动阀门	泄漏孔径 1 mm 泄漏孔径 50 mm	2.60×10^{-4} 次/年 1.90×10^{-6} 次/年

1) 事故源强

企业水封式集汞槽容积为 0.5 m³,一周清汞 1 次,日常运行汞最大储存量约 0.8 t。根据类比调查,管线、阀门、储罐发生泄漏后 10 min 内可得到控制,因此评估确定本工艺汞泄漏事故持续时间为 10 min。本工艺相关参数及源强见表 4-16、表 4-17。

表 4-16　本次工程最大可信事故泄漏源强

事故原因	假设破损面积(m²)	储罐压力(Pa)	裂口上液位高度(m)	液体密度(kg/m³)	泄漏速率(kg/s)	泄漏时间(min)	泄漏量(t)
集汞槽泄漏	0.01	101 325	0.2	13 550	166	10	1.66

根据源项分析结果,集汞槽发生破裂后,在假设条件下,10 min 内理论泄漏量约 1.66 t。本工艺运行实际最大存储量约为 0.8 t,即发生事故后 5 min 汞全部泄漏。

表 4-17　液池蒸发模式参数*

大气稳定状况	n	a
不稳定(A~B)	0.2	3.846×10^{-3}
中性(D)	0.25	4.685×10^{-3}
稳定(E~F)	0.3	5.285×10^{-3}

*：表中 n、a 为式(4-10)中的系数。

据表 4-18 可知,常温下汞作为重质液体,挥发速度很慢。汞蒸气较空气重 6 倍,在静止的空气中位置越低浓度越高。汞蒸气附着能力很强,易吸附在周围的物体上。

表 4-18　泄漏速率统计

物质名称	泄露量(t)	风速(m/s)	稳定度	挥发速度(kg/s)	持续时间(min)
汞	0.8	1.0	B	2.58×10^{-8}	5
			D	3.20×10^{-8}	
			E	3.67×10^{-8}	
		2.2	B	4.93×10^{-8}	
			D	5.91×10^{-8}	
			E	6.57×10^{-8}	

2) 后果分析

(1) 毒物危害。依据《工业场所有害因素职业接触限值第 1 部分: 化学有害因素》(GBZ 2.1—2007),汞蒸气毒性见表 4-19。

表 4-19　汞蒸气工作场所空气中化学物质容许浓度

名称	类别	浓度	备注
汞-金属汞(蒸气)	最高容许浓度 MAC	/	皮
	短时间接触容许浓度 PC-TWA	0.02	皮
	超限倍数 PC-STEL	0.04	皮

(2) 事故泄漏影响预测。经计算,重气坍塌引起的扩散让位于环境湍流引起的扩散的位置 0.05 m,即已超出 0.05 m 处的云羽扩散采用多烟团模型计算。

按式(4-1)计算可知,水封式集汞槽破裂,泄漏后发生污染物扩散情况下,预测小风、年均风速,不同稳定度(B、D、E)条件下,不同时间不同距离汞的落地浓度。不同事故状态影响距离见表 4-20。

表 4-20　不同事故状态影响距离

事故状态	危害程度	1.0 m/s			2.2 m/s		
		B	D	E	B	D	E
汞泄漏	短时间接触容许浓度 PC-TWA	/	/	/	/	/	8
	超限倍数 PC-STEL	/	/	/	/	/	7.6
	居住区最高容许浓度	/	16.4	18.9	22	52.3	107.9

据表 4-20 可知,本工艺如发生泄漏,在年均风速下,距离泄漏源 107.9 m 即可达到居住区容许浓度;在小风条件下,距离泄漏源 18.9 m 即可达到居住区容许浓度。

距离本工艺最近的敏感点为 1 050 m 处的大东许村,因此即使发生泄漏,短期内也不会对区内居民身体健康造成威胁。

第 5 章

含汞废物处置过程的
环境风险管理

本章围绕含汞废物处置过程的全生命周期的环境管理问题,从风险控制的角度出发探索切实可行的风险控制技术。研究过程中坚持宏观与微观相结合的原则,重点开展典型含汞废物(废汞触媒、含汞废渣、废含汞试剂、废荧光灯)处置过程的风险控制技术研究。旨在从风险控制和推进污染物达标排放的角度出发,探讨设施安全运行管理措施以及应急管理措施等。

5.1 含汞废物集中处置设施运行管理

目前我国还没有完善合理的专门针对含汞废物集中处置设施的管理法规和实施细则,为加强我国含汞废物处置管理,尽快制定切实可行的含汞废物处置管理办法势在必行。我国含汞废物处置设施在运行和管理方面,法律和法规、标准等管理体系还不健全,缺乏有效、规范的运行管理,特别是含汞废物处置设施的运行,急需国家出台相应的技术规范对其加强管理,以使其能够实现含汞废物处置设施安全运行的目标。而含汞废物处置设施运行技术规范的颁布和实施,将为加强含汞废物处置设施的管理提供法律依据和政策保证。

5.1.1　一般要求

含汞废物处置运行必须严格按工艺流程、运行操作规程和安全操作规程进行。严格执行清洁生产工艺,按照国家相关标准和要求进行建设和生产。处置厂应结合工艺技术条件制订具体的运行操作规程,确保回收再生过程安全稳定。操作人员必须熟悉掌握处置计划、操作规程、再生系统工艺流程、管线及设备的功能及位置,以及紧急应变情况。

5.1.2　预处理

含汞废物的预处理一般包括加热搅拌、化学浸渍、自然干燥等,其过程应符合以下要求:

(1) 含汞废物预处理过程应在密闭负压条件下进行,以免有害气体和粉尘逸出,收集的气体应进行处理,达标后排放。

(2) 含汞废物的化学浸渍应采取妥善措施避免二次污染产生。

原处理阶段的来料放于储存池内,池及所有加工场地都使用高密度聚乙烯混凝土层铺垫以防土壤被酸和铅污染。

预处理阶段的废水主要为预处理浸渍和液-固分离工序产生的含汞废水、车间地面和设备冲洗废水等,产生的污水经处理后作为冷凝水回用。

5.1.3　焙烧蒸馏回收

焙烧蒸馏过程应采用技术装备先进、设备产能高、资源综合利用率高、环境保护好的先进工艺,禁止采用设备单产能低,处理能力小、资源综合利用率低、环境污染严重、能耗高的落后工艺。

焙烧蒸馏系统操作人员必须熟悉掌握处置计划、操作规程、系统工艺流程、管线及设备的功能及位置,以及紧急应变情况。操作人员必须注视或调整系统的操作参考数值(压力、温度等)。如果有异常情况发生时,应及时判断原因及时解决问题。系统启动前应检查主要仪表、设备、互锁系统及紧急停机系统。然后按操作规范启动装置。

中、大型焙烧蒸馏回收装置均应有控制系统,各种设备的运转须是自动式的。焙烧蒸馏系统的操作人员应保持操作条件的稳定及发现和处理异常情况。

5.1.4　湿法处置

湿法处置技术按含汞废物性质不同,处理工艺有所不同,废单质汞处理包括酸洗、碱洗、漂净、干燥过滤等单元;易溶于酸和水的汞盐化合物处理包括加酸溶解、加碱沉淀、烘干等工艺单元。废荧光灯湿法处置装置包括破碎、输送、水洗、磁选、废水处理等工艺单元。

湿法处置过程中产生的废水主要为荧光灯破碎水洗、输送、废化学试剂酸/碱洗涤、水洗和过滤过程产生的,废水中主要污染项目为汞、悬浮物、化学需氧量和 pH 值等。废水硫化沉淀后回用不外排。

5.1.5　固化填埋

固化填埋包括混合搅拌、成型、养护、安全填埋等工艺单元。固化/填埋处理处置过程中主要产生废气,车间内配收尘系统及活性炭吸附设备对车间无组织排放气体进行净化,无废水产生。含汞废物固化成型后需在指定填埋场进行安全填埋,填埋场会产生渗滤液,应统一送污水处理设施处理。

5.1.6　废气处理

含汞废物处置过程中产生的含汞废气主要为预处理、蒸馏和冷凝工序产生的汞等污染物,对于车间产生含汞废气的部位均需安装除汞、除尘设备。

　　废气治理技术主要包括烟气收尘(袋式除尘技术、电收尘技术、旋风收尘技术、湿法收尘技术)、烟气脱汞(冷凝、活性炭吸附、溶液吸收、等离子体氧化等烟气治理技术)、环保通风等。除尘设备产生的飞灰须密闭收集储存,并按照 GB 18598—2001《危险废物填埋污染控制标准》固化填埋处置。

　　废气处置设施应采取双路供电确保废气净化设施的电力供应,减少停电的概率;配备柴油发电机,确保停电后废气净化设施正常运行。

　　废气处理装置发生事故时,要停止该工段的生产,待废气装置正常运转后,再恢复生产。

5.1.7　废水处理

　　废水处理系统包括均质调节、降温冷却、汞和悬浮物等其他有害物质脱除等工艺单元。应确保废水尽量不外排,应处理后回用以避免对厂区周围水环境产生影响。必须外排时,处理后的各项指标应符合相关的工业污水处理排放标准。

　　向废水中加入聚凝剂,用于除去大部分的悬浮物,再测量废水的 pH值,并加入碱溶液,将废水 pH 值调至中性,用废水泵将调节过的废水送入一步净化器,由一步净化器完成对废水进行曝气、絮凝、沉淀等处理工艺。

　　厂方应当建设事故处理池以应付突发事件的发生。含汞废水处理站设备出现故障时,应立刻停止生产,含汞废水暂存放于事故池中,待含汞废水处理站正常运行后,原水池中的废水再进入处理站进行处理,达标后排放。

5.1.8　废渣处理

　　应认真做好废渣及冶炼炉渣的收集、分类存放和定点处置,防止二次污染的措施。同时对废渣堆场、处理车间和生产车间的地面铺衬 HDPE 防渗膜,且厚度不少于 4 mm,所有接缝必须焊接牢固,以防止渗滤液和废酸液外渗污染地下水。

含汞固体废物和炉渣应进行包装,包装袋及装袋操作均应符合危险废物包装规范,避免操作时人身接触。工艺产生的工业固废、生活垃圾和危险废物均有其相应出路或综合利用途径,不必长期堆放储存,不会对周围环境和地下水环境造成影响。其他烟气净化装置产生的固体废物按《危险废物鉴别标准》(GB 5085.1-3—2007)鉴别判断是否属于危险废物,如属于危险废物,则按危险废物处置;否则可送生活垃圾填埋场填埋处置。

包装后的汞贠和炉渣及时运送至填埋场处理,在场内临时存放应符合危险废物储存的有关规定。汞贠和炉渣运输应使用满足危险品运输要求的专用车辆,并在车厢外醒目位置加贴危险废物标志。汞贠和炉渣运输应符合危险废物运输的有关规定。汞贠和炉渣运输车辆均应配备通信设备,途中遇到紧急问题及时与当地环保部门联系。车上备有安全应急设施,包括必要的废物收集容器和工具。同时应备石灰、铁桶、铁锹、扫把、防雨布、厚塑料、手套、防毒口罩、应急灯、工作服等物品,以备途中出现意外事故,进行应急处理。运输人员应熟悉路线、路况,了解运输管理制度及出现意外事故时的应急操作,掌握危险废物转移联单的使用方法等。

5.2　含汞废物集中处置设施运行监督管理

根据《危险废物转移联单管理办法》《汞污染防治技术政策》等规定的设施运行单位、设施运行要求等内容开展含汞废物处置设施运行全过程(从含汞废物从进场交接开始至回收处置完毕)监督管理所涉及主要内容的研究。监督管理主体内容包括四部分:设施运行单位基本运行条件监督管理、含汞废物处置设施运行监督管理、污染防治设施配置及运行监督管理、安全生产和劳动保护监督管理。

5.2.1　基本运行条件监督管理

基本条件检查作为地方环境保护行政主管部门进行监督管理的基本依据,原则上应在初次监督检查时进行,是为考虑到工作的连贯性而进行的检查。通过对废铅酸蓄电池回收处置技术、工艺及工程验收情况;危险废物经营许可证申领和使用情况;废铅酸蓄电池回收设施运行单位的机构设置、人员配置情况;设施运行单位规章制度情况;事故应急预案制定情况;系统配置情况的审查项目、审查要点、检查指标及依据、监督检查方法、对设施运行单位要求的基本内容进行基本检查,确定基本运行条件监督检查的重点内容、检查方式及检查方案。

1) 处置技术工艺及工程验收

由设施运行单位对含汞废物处置技术和工艺适应性、主要附属设施情况、工程设计及验收等情况提供设计文件、环境影响评估文件及其他证明材料,监督检查部门进行书面检查。

2) 经营许可证申领使用情况

监督检查部门通过现场核查的方式,检查处置设施的危险废物经营许可证、处置合同及其他危险废物处置记录材料等资料,有针对性地从危险废物设施运行单位的处置合同业务范围情况、危险废物经营许可证变更情况、处置计划情况、经营许可证检查情况进行监督检查。

3) 处置单位人员配置情况

监督检查部门通过现场核查的方式,检查处置设施的处置合同以及其他危险废物处置记录材料等资料,有针对性地从含汞废物处置设施运行单位的人员总体配备情况、专业技术人员配备情况、人员培训情况检查单位机构组成及人员职责分工以及个人档案材料等。

4) 处置单位规章制度情况

监督检查部门通过现场核查的方式,检查处置设施的各项规章制度情况,制度至少应包括设施运行和管理记录制度、交接班记录制度、废铅酸蓄电池接收管理制度、内部监督管理制度设施运行操作规程、化验室(实验室)特征污染物检测方案和实施细则、处置设施运行中意外事故应急预案、安全生产及劳动保护管理制度、人员培训制度以及环境监测制度等。

5) 事故应急预案制定情况

监督检查部门通过现场核查的方式,检查处置设施的危险废物储存过程中发生事故时的应急预案、废铅酸蓄电池运送过程中发生事故时的应急预案、设施发生故障或事故时的应急预案、设施设备能力不能保证正常运行时的应急预案。应急预案应根据国家《危险废物经营单位应急预案编制指南》以及地方其他有关规定编写和报批。

6) 系统配置情况

监督检查部门通过现场核查的方式,检查处置设施的系统配置的完整性、系统配置的安全性等。

5.2.2　设施运行监督管理

对含汞废物处置设施运行监督管理,其内容至少包括含汞废物的收集、储存、运输、接收、处置设施运行以及配套设施运行等。

5.2.2.1　含汞废物收集、储存、运输、接收过程监督管理

1) 含汞废物的收集

含汞废物的收集应包括两方面的作业: 一是将含汞废物收集到适当的包装容器中或运输车辆上的收集作业,二是将已包装或装到车上的含汞废物运至单位内部临时储存设施且妥善储存的转运作业。其作业人员应配备必要的个人防护装备,个人防护装备的等级应根据危险废物等级进行确定。收集过程中应采取必要的防范措施,避免可能引起人身和环境危害的事故发生。

2) 含汞废物的储存

监督检查部门现场检查设计文件,主要检查危险废物储存容器情况、危险废物储存设施情况,并进行现场核查。含汞废物储存设施参照《危险废物

储存污染控制标准》(GB 18597—2001)执行。

3）含汞废物的运输

含汞废物的运输应与交通、公安部门的法律法规一致,兼顾国家《危险废物转移联单制度》执行。含汞废物的国内转移应按照《危险废物转移联单管理办法》及其他有关规定执行。

4）含汞废物的接收

含汞废物接收应包括含汞废物进场专用通道及标识、含汞废物转移联单制度执行以及含汞废物卸载情况等。监督检查部门检查危险废物转移联单制度执行情况、废物进场专用通道及标识情况、废物卸载情况,必要时进行现场检查。

5.2.2.2　处理处置设施运行过程监督管理

监督检查部门现场检查设计文件,主要检查含汞废物处置设施配置情况和处置过程操作情况,并进行现场核查。

5.2.2.3　配套设施运行过程监督管理

含汞废物处置工艺配套设施应包括预处理及进料、焙烧蒸馏还原、湿法处置、固化填埋、环境保护设施以及配套工程、生产管理与生活服务设施,监督管理内容应包括系统配置和操作情况等。

1）预处理及进料系统

监督检查部门现场检查设计文件,主要检查含汞废物预处理系统、输送、进料装置,并进行现场核查。含汞废物的预处理包括加热搅拌、化学浸渍、自然干燥等。预处理工艺必须在封闭式建筑物中进行。

2）回收利用系统检查

监督检查部门现场检查设计文件,主要检查焙烧蒸馏还原、湿法处置系统配置及操作情况,并现场核查。

3）烟气净化系统检查

监督检查部门现场检查设计文件,主要检查湿法净化工艺骤冷洗涤器和吸收塔等单元配置情况;检查半干法净化工艺洗气塔、活性炭喷射、布袋除尘器等处理单元配置情况;检查干法净化工艺:包括干式洗气塔或干粉投加装置、布袋除尘器等处理单元配置情况;检查烟气净化系统配置情况,并现场核查。

4) 炉渣及飞灰处理系统检查

监督检查部门现场检查设计文件,主要检查炉渣处理系统配置情况、检查飞灰处理系统配置情况,并现场核查。

5) 自动化控制及在线监测系统检查

监督检查部门现场检查设计文件,主要检查自动控制系统、在线监测系统、各项操作规程材料,并现场检查。

5.2.3 污染防治设施运行监督管理

5.2.3.1 污染防治设施配置及处理要求

1) 废气处理设施配置及处理要求

资源再生产的所有工序排放出来的烟尘,必须经过收集和处理后才能排放到环境中,对于粉尘,可根据污染治理程度的要求和预算,采用布袋除尘器、静电除尘器、湿式静电除尘器、旋风除尘器、陶瓷过滤器和湿式除尘器收集。对于 SO_2,其消除可采用干式、半干式、半湿和湿式等方法。可用 $CaCO_3$ 作反应物生成含硫石膏的湿式 SO_2 去除装置。资源再生厂的废气排放应参照《危险废物焚烧污染控制标准》(GB 18484—2001)大气污染物排放限值执行。周边环境空气质量,各项指标应参照《环境空气质量标准》(GB 3095—2012)执行。

2) 固体废物处理设施及处理要求

资源再生厂产生的工业固体废物(包括冶炼残渣、废气净化灰渣、废水处理污泥、二氧化硫、分选残余物等)属于危险废物,应送符合《危险废物填埋污染控制标准》(GB 18598—2001)要求的危险废物填埋场进行安全填埋处置,禁止将资源再生过程中产生的含汞废物任意堆放或填埋。

3) 废水处理设施及处理要求

企业应有污水处理站,用以处理流出回收厂的污水、雨水、仓库储存时的溢出液等。未经处理的废水严禁直接排放。企业应设置污水净化设施。工厂排放废水应当满足《污水综合排放标准》(GB 8978—1996)和其他相应标准的要求。

4) 噪声控制设施及控制要求

主要噪声设备,如破碎机、泵、风机等应采取基础减震和消声及隔声措施。厂界噪声应符合《工业企业厂界噪声标准》(GB 12348—2008)要求。

5.2.3.2　环境监测要求

环境监测应包括处置设施污染物排放监测和含汞废物处置单位周边环境监测两部分。污染物排放监测应根据有关标准对烟尘、粉尘、二氧化硫、电解液、经处理后排放的工艺污水、工业固体废物及环境噪声进行检验监测。环境监测应根据处置单位污染物排放情况对周边环境空气、地下水、地表水、土壤以及环境噪声进行监测。

1) 设施污染物排放检测

(1) 运行单位自行监测。运行期间应制订处置设施运行单位内监测计划,定期对危险废物焙烧蒸馏处置排放进行监测;当出现监测的某项目指标不合格时,应将有关设备系统停机,进行排查,找出原因及时解决。解决后根据情况进行检验监测,确保系统在排放达标的条件下运行(HJ/T 176)。地方环境保护行政主管部门应要求含汞废物处置单位在设施运行期间应制订处置设施运行内部监测计划,定期对含汞废物收集和处置过程污染物排放进行监测。当出现监测的某项目指标不合格时,应对设施进行全面检查,找出原因及时解决,确保系统在排放达标的条件下运行。

(2) 运行单位监督性监测。要求运行期间应根据地方环保要求,定期开展环境监测工作(HJ/T 176)。对于由地方环境保护行政主管部门实施的监督性监测活动,由地方环境保护行政主管部门委托有环境监测资质的监测机构进行。对于含汞废物处置单位实施的内部例行性监测,应按国家标准规定的方法和频次,对处置设施运行情况进行监测,含汞废物处置单位也可委托有监测资质的单位代为监测。含汞废物处置单位应严格执行国家有关监督性监测管理规定配合监测工作,监测取样、检验方法,均应遵循国家有关标准要求。

(3) 试运行监测。试运行时间要求设施运行单位在建设完工或大修后应进行试运行;试运行监测指标要求试运行期间,设施运行单位应自觉对炉渣、飞灰、处理后排放的工艺污水、烟气及环境噪声等进行监测;试运行监测管理要求并经地方环保监测部门认可,各方面运行条件具备后方可转入正式运行;试运行监测单位要求应委托具有监测资质和能力,并经相应级别环境保护行政主管部门认可的单位进行试运行监测(相关监测技术规范)检查监测报告,并现场核查提供环境监测报告。

2) 周边环境监测

应根据含汞废物处置单位污染物排放情况对周边环境空气、地下水、地表水、土壤以及环境噪声进行监测。

5.2.4　安全生产和劳动保护监督管理

含汞废物处置单位应执行国家安全生产和劳动保护的有关规定。厂区内应在有危险废物毒害可能部位的醒目位置设置警示标识,并应有可靠的安全防护措施。所有相关岗位人员必须通过安全及个人防护培训,并经考核合格后方可上岗。

车间内设备合理布置,设置便于物料运输和人员通行的安全通道,设备之间、设备与工作位置之间留有足够的安全操作距离。机械设备外露的高速旋转和快速移动部件设置防护措施,有铁屑飞溅部位设置挡板等,以避免人员受到伤害。

用电设备安装保护措施。厂房低压配电和照明装置的金属外壳及事故情况下可能带电部分施行保护接零,插座的配电回路均安装漏电保护开关,吊车滑触线设明显标志,确保用电安全。

围绕上述确定的监督管理内容,从监督要点、指标、依据等方面提出切实可行的监督管理方法,具体情况见表 5-1~表 5-6。

表 5-1　基本运行条件监督检查*

审查项目	审查要点	检查指标及依据	监督检查方法
1.1 检查含汞废物处置技术、工艺及工程验收情况	(1) 含汞废物处置技术和工艺的适应性说明	含汞废物处置技术和工艺的适应性说明,主要设备的名称、规格型号、设计能力、数量、其他技术参数	核查环境影响报告、工程设计文件或其他证明材料;必要时,现场核查
	(2) 系统配置情况	检查系统配置的完整性,应包括预处理、焙烧蒸馏设施、环境保护设施以及配套工程、生产管理与生活服务设施	
		检查系统配置的安全性,应采用密闭熔炼设备,并在负压条件下生产,防止废气逸出	
	(3) 主要附属设施情况	工具、中转和临时存放设施、设备以及储存、清洗消毒设施、设备情况(国务院令第 408 号)	核查环境影响报告、工程设计文件或其他证明材料;必要时,现场核对
	(4) 工程设计及验收情况	项目工程设计及验收有关资料(国务院令第 408 号)	核查工程设计及验收材料
1.2 检查含汞废物经营许可证申领和使用情况	(1) 含汞废物处置单位的处置合同业务范围情况	检查含汞废物处置单位的处置合同业务范围是否与经营许可证所规定的经营范围一致(国务院令第 408 号)	核查含汞废物经营许可证、处置合同等材料;必要时,现场核对
	(2) 含汞废物经营许可证变更情况	检查含汞废物处置单位是否按照规定的申请程序,在发生含汞废物经营方式改变,新建或者改建、扩建原含汞废物经营设施或者经营含汞废物超过原批准年经营规模 20%以上的设施重新申领了经营许可证(国务院令第 408 号)	
	(3) 处置计划情况	检查处置计划是否详实、确定,处置计划分为年度和月份计划(国务院令第 408 号)	核查含汞废物处置记录等材料
	(4) 经营许可证例行检查情况	检查含汞废物经营许可证例行检查情况(国务院令第 408 号)	检查含汞废物经营许可证有关材料

（续表）

审查项目	审查要点	检查指标及依据	监督检查方法
1.3 检查含汞废物处置单位的人员配置情况	(1) 人员总体配备情况	是否配备了相应的生产人员、辅助生产人员和管理人员(国务院令第408号)	检查单位机构组成及人员职责分工以及个人档案材料等
	(2) 专业技术人员配备情况	是否配备了3名以上环境工程专业或者相关专业中级以上职称，并有3年以上固体废物污染治理经历的技术人员(国务院令第408号)	
	(3) 人员培训情况	生产和管理人员是否经过国家及内部组织的专业岗位培训并获得国家劳动保障部门或环境保护总局颁发的职业技能培训等级证书	
1.4 检查含汞废物处置单位规章制度情况	(1) 设施运行和管理记录制度情况	①危险废物转移联单记录；②含汞废物接收登记记录；③含汞废物进厂运输车车牌号、来源、重量、进场时间、离场时间等记录；④生产设施运行工艺控制参数记录；⑤设备更新情况记录；⑥生产设施维修情况记录；⑦环境监测数据的记录；⑧生产事故及处置情况记录	检查各项制度以及运行记录档案材料
	(2) 交接班制度情况	①交接班制度的实施记录完整、规范；②上述提到的设施运行和管理记录制度在交接班制度中予以落实	
	(3) 其他制度情况	①含汞废物接收管理制度；②内部监督管理制度；③设施运行操作规程；④设施运行过程中污染控制对策和措施；⑤设施日常运行记录台账、监测台账和设备更新、检修台账；⑥安全生产及劳动保护管理制度；⑦人员培训制度；⑧环境监测制度	
1.5 事故应急预案制定情况	(1) 含汞废物储存过程中发生事故时的应急预案	①应急预案编制的全面性、规范性和可操作性；②应急预案获得环保部门审批情况；③实施应急预案的基础条件情况；④应急预案执行情况	核查应急预案文本、应急预案审批及应急预案执行情况
	(2) 含汞废物运输过程中发生事故时的应急预案	①应急预案编制的全面性、规范性和可操作性；②应急预案获得环保部门审批情况；③实施应急预案的基础条件情况；④应急预案执行情况	

（续表）

审查项目	审查要点	检查指标及依据	监督检查方法
1.5 事故应急预案制定情况	(3) 处置设施发生故障或事故时的应急预案	①应急预案编制的全面性、规范性和可操作性；②应急预案获得环保部门审批情况；③实施应急预案的基础条件情况；④应急预案执行情况	核查应急预案文本、应急预案审批及应急预案执行情况
	(4) 设施设备能力不能保证含汞废物正常处置时的应急预案	①应急预案编制的全面性、规范性和可操作性；②应急预案获得环保部门审批情况；③实施应急预案的基础条件情况；④应急预案执行情况	

　　* 基本条件检查作为地方环境保护行政主管部门进行监督管理的基本依据，原则上应在初次监督检查时进行，是为考虑到工作的连贯性而进行的检查。

表 5－2　处置设施运行过程监督检查-接收、储存设施

审查项目	审查要点	检查指标及依据	监督检查方法
2.1 检查含汞废物接收情况	(1) 危险废物转移联单制度执行情况	含汞废物处置单位是否按照《危险废物转移联单》(含汞废物专用)有关规定办理接收废物有关手续(国家环境保护总局令第5号)	检查转移联单档案、进场记录等，必要时进行现场检查
	(2) 进场专用通道及标识情况	①含汞废物处置单位内是否设置进厂专用通道；②是否设有醒目的警示标识和路线指示	
	(3) 卸载情况	办理完接收手续的含汞废物是否在卸车区卸载	
2.2 检查含汞废物储存情况	(1) 含汞废物储存容器情况	应使用符合国家标准的容器盛装含汞废物(GB 18597—2001)	检查储存设施资料，并现场核查
		储存容器必须具有耐腐蚀、耐压、密封和不与所储存的废物发生反应等特性(GB 18597—2001)	
		储存容器应保证完好无损并具有明显标志(GB 18597—2001)	
	(2) 含汞废物储存设施情况	含汞废物储存场所是否有符合《环境保护图形标志——固体废物储存(处置)场》(GB 15562.2)的专用标志(GB 18597—2001)	

（续表）

审查项目	审查要点	检查指标及依据	监督检查方法
2.2 检查含汞废物储存情况	（2）含汞废物储存设施情况	是否建有堵截泄漏的裙角,地面与裙角采用了兼顾防渗的材料建造,建筑材料与医疗废物相容(GB 18597—2001)	检查储存设施资料,并现场核查
		配置了泄漏液体收集装置及气体导出口和气体净化装置(GB 18597—2001)	
		配置了安全照明和观察窗口,并设有应急防护设施(GB 18597—2001)	
		配置了隔离设施、报警装置和防风、防晒、防雨设施以及消防设施	
		墙面、棚面具有防吸附功能,用于存放装载液体、半固体含汞废物容器的地方配有耐腐蚀的硬化地面且表面无裂隙(GB 18597—2001)	
		库房是否设置了备用通风系统和电视监视装置(GB 18597—2001)	

表 5-3　处置设施运行过程检查-处置设施

审查项目	审查要点	检查指标及依据	监督检查方法
检查含汞废物处置设施配置及运行管理情况	处置设施配置情况	是否配置预处理、焙烧蒸馏还原、湿法处置、固化填埋、环境保护设施及配套工程、生产管理与生活服务设施	检查设计文件,并现场核查
		处置厂的出入口、暂存设施及处置场所是否设置警示标志	
		法定边界是否设置隔离维护结构,防止无关人员和家禽、宠物进入	
	处置过程操作情况	储存库房、车间是否采用全封闭、微负压设计,室内换出的空气是否进行净化处理	检查设计文件、各项操作规程材料,并现场检查
		处理工艺是否采用密闭熔炼设备,并在负压条件下,防止废气逸出	

（续表）

审查项目	审查要点	检查指标及依据	监督检查方法
检查含汞废物处置设施配置及运行管理情况	处置过程操作情况	是否有完整废水、废气的净化设施、报警系统和应急处理装置,废水、废气排放是否达到国家有关标准	检查设计文件、各项操作规程材料,并现场检查
		含汞废物处置过程中产生的粉尘和污泥是否得到妥善、安全处置	

表 5－4　处置设施运行过程监督检查-配套处置设施

审查项目	审查要点	检查指标及依据	审查方法
4.1 废汞触媒回收系统	蒸馏法、控氧干馏法、流态化焙烧法	检查含汞废物加热搅拌、化学浸渍、自然干燥装置	检查设计文件,并现场核查
		含汞废物焙烧蒸馏工艺是否在封闭状态下进行,排除气体是否经净化处理,达标排放	
4.2 含汞冶炼废渣回收系统	蒸馏法、高温焙烧同步分离法、流态化焙烧法	预处理过程是否在密闭负压条件下进行,以免有害气体和粉尘逸出,收集的气体应进行处理,达标后排放	检查设计文件,并现场核查
		焙烧蒸馏工艺过程是否在封闭式构筑物内进行,排除气体是否经净化处理,达标后排放	
4.3 废荧光灯回收系统	切端吹扫、直接破碎、湿法处置	预处理过程是否在密闭负压条件下进行,以免有害气体和粉尘逸出,收集的气体应进行处理,达标后排放	检查设计文件,并现场核查
		焙烧蒸馏工艺过程是否在封闭式构筑物内进行,排除气体是否经净化处理,达标后排放	
4.4 含汞废化学试剂回收系统	湿法处置	预处理过程是否在密闭负压条件下进行,以免有害气体和粉尘逸出,收集的气体应进行处理,达标后排放	检查设计文件,并现场核查

（续表）

审查项目	审查要点	检查指标及依据	审查方法
4.5 含汞废物填埋系统	固化填埋	混合搅拌过程是否在密闭负压条件下进行,以免有害气体和粉尘逸出,收集的气体应进行处理,达标后排放	检查设计文件,并现场核查
4.6 污水净化装置	检查污水净化系统操作情况	工厂排放废水是否满足《污水综合排放标准》(GB 8978—1996)和其他相应标准的要求	检查设计文件,并现场核查
4.7 空气净化系统	检查空气处理系统配置情况	废气排放是否符合《危险废物焚烧污染控制标准》(GB 18484—2001)	检查设计文件,并现场核查
4.8 废渣控制系统	工业废渣处理情况	处理厂的工业固体废物是否按照危险废物进行管理和处置	检查设计文件,并现场核查
4.9 噪声控制系统	噪声控制情况	主要噪声设备,如破碎机、泵、风机等是否采取基础减震和消声及隔声措施。厂界噪声是否符合《工业企业厂界噪声标准》(GB 12348—2008)要求	
4.10 报警系统	检查报警系统的配置情况		
4.11 应急处理系统	检查应急处理系统的配置情况		

表 5-5 安全生产和劳动保护监督检查

审查项目	审查要点	检查指标及依据	审查方法
5.1 安全生产要求	(1) 检查处置厂安全生产情况	各工种、岗位是否根据工艺特征和具体要求制定了相应的安全操作规程并严格执行	检查有关安全生产材料,并现场核查
		各岗位操作人员和维修人员是否定期进行岗位培训并持证上岗	

审查项目	审查要点	检查指标及依据	审查方法
5.1 安全生产要求	(1)检查处置厂安全生产情况	是否严禁了非本岗位操作管理人员擅自启、闭本岗位设备,严禁了管理人员违章指挥	检查有关安全生产材料,并现场核查
		操作人员是否按电工规程进行电器启、闭	
		是否建立并严格执行定期和经常的安全检查制度,及时消除事故隐患,严禁违章指挥和违章操作	
		是否对事故隐患或发生的事故进行调查并采取改进措施,重大事故做到了及时向有关部门报告	
		凡从事特种设备的安装、维修人员,是否参加了劳动部门专门培训,并取得特种设备安装、维修人员操作证后上岗	
		厂内及车间内运输管理,是否符合《工业企业厂内运输安全规程》(GB 4387—2008)中的有关规定	
		工作区及其他设施是否符合国家有关劳动保护的规定,各种设施及防护用品(如防毒面具)是否由专人维护保养,保证其完好、有效	
		对所有从事生产作业的人员是否进行了定期体检并建立健康档案卡	
		是否定期对车间内的有毒有害气体进行检测,并做到在发生超标的情况下采取相应措施	
		是否做到定期对职工进行职业卫生的教育,加强防范措施	

（续表）

审查项目	审查要点	检查指标及依据	审查方法
5.2 劳动保护要求	（2）检查处理厂劳动保护情况	废物储存和处置部分处理设备等是否做到了尽量密闭,以减少外逸	检查各项与劳动保护有关材料,并现场检查
		是否尽可能采用了噪声小的设备,对于噪声较大的设备,是否采取了减震消音措施,使噪声符合国家规定标准要求	
		接触有毒有害物质的员工是否配备了防毒面具、耐油或耐酸手套、防酸碱工作服	
		进入高噪声区域人员是否佩戴了性能良好的防噪声护耳器	检查各项与劳动保护有关材料,并现场检查
		进行有毒、有害物品操作时是否穿戴了相应种类专用防护用品,禁止混用;并严格遵守操作规程,用毕后物归原处,发现破损及时更换	
		有毒、有害岗位操作完毕,是否将防护用品按要求清洁、收管,并做到不随意丢弃,不转借他人;并对个人安全卫生(洗手、漱口及必要的沐浴)提出了明确的要求	
		是否做到了禁止携带或穿戴使用过的防护用品离开工作区。报废的防护用品是否交专人处理	
		是否配足配齐各作业岗位所需的个人防护用品,并对个人防护用品的购置、发放、回收、报废进行登记。防护用品是否做到由专人管理,并定期检查、更换和处理	

表 5-6 污染防治设施配置及处理要求*

审查项目	审查要点	审查指标要求	审查方法
6.1 废气处理要求	满足《危险废物焚烧污染控制标准》(GB 18484—2001)和其他相应标准的要求,周边环境空气满足《环境空气质量标准》(GB 3095—2012)		检查监测报告,并现场核查

（续表）

审查项目	审查要点	审查指标要求	审查方法
6.2 废渣处理要求	应按危险废物进行管理和处置		检查监测报告，并现场核查
6.3 噪声控制要求	符合《工业企业厂界噪声标准》(GB 12348—2008)要求		检查监测报告，并现场核查
6.4 废水处理要求	满足《污水综合排放标准》(GB 8978—1996)和其他相应标准的要求。		检查监测报告，并现场核查

　　* 污染防治设施配置及处理要求在相关标准修订时应采用最新版本所确定的标准限值和管理要求。

5.3　含汞废物集中处置设施事故应急管理

5.3.1　组织机构和职责

　　1）应急组织体系

　　明确应急组织形式、构成单位或人员，并尽可能以结构图的形式表示出来。

　　2）指挥机构及职责

　　明确应急救援指挥机构总指挥、副总指挥、各成员单位及相应职责。应急救援指挥机构根据事故类型和应急工作需要，可以设置相应的应急救援工作小组，并明确各小组的工作任务及职责。

5.3.2　预防和预警

　　1）环境污染事故危险源监控

明确本企业(或事业)单位对危险源监测监控的方式、方法,以及采取的预防措施。

2) 预警行动

明确事故预警的条件、方式、方法。

5.3.3　信息报告和通报

按照《国家突发环境事件应急预案》及国家有关规定,明确信息报告时限和发布的程序、内容和方式。

1) 信息报告与通知

明确 24 小时应急值守电话、事故信息接收和通报程序。确定报警系统及程序;确定现场报警方式,如电话、警报器等;明确相互认可的通告、报警形式和内容;明确应急反应人员向外求援的方式。

2) 信息上报

明确事故发生后向上级主管部门和地方人民政府报告事故信息的流程、内容和时限。确定 24 小时与相关部门的通信、联络方式。

3) 通报

明确可能受影响的区域的通报方式、联络方式、内容及防护措施。

5.3.4　应急响应和救援措施

5.3.4.1　分级响应机制

针对环境污染事故危害程度、影响范围、企业(或事业)单位内部控制事态的能力以及可以调动的应急资源,将环境污染事故应急行动分为不同的等级。按照分级响应的原则,确定不同级别的现场负责人,指挥调度应急救援工作和开展事故应急响应。

5.3.4.2　污染事故现场应急救援

根据污染物的性质及事故类型,事故可控性、严重程度和影响范围,需

确定以下内容:

(1) 明确切断污染源的基本方案。

(2) 明确防止污染物向外部扩散的设施与措施及启动程序;特别是为防止消防废水和事故废水进入外环境而设立的事故应急池的启用程序,包括污水排放口和雨(清)水排放口的应急阀门开合和事故应急排污泵启动的相应程序。

(3) 明确减轻与消除污染物的技术方案。

(4) 明确事故处理过程中产生的伴生/次生污染(如消防水、事故废水、固态液态废物等,尤其是危险废物)的消除措施。

(5) 应急过程中使用的药剂及工具(可获得性说明)。

(6) 应急过程中采用的工程技术说明。

(7) 应急时紧急停车停产的基本程序;控险、排险、堵漏、输转的基本方法。

(8) 污染治理设施的应急方案。

(9) 危险区、安全区的设定;事故现场隔离区的划定方式、方法;事故现场隔离方法。

(10) 明确事故现场人员清点,撤离的方式、方法及安置地点。

(11) 明确应急人员进入与撤离事故现场的条件、方式。

(12) 明确人员的救援方式、方法及安全保护措施。

(13) 明确应急救援队伍的调度及物质保障供应程序。

5.3.4.3 大气类污染事故保护目标的应急救援措施

根据污染物的性质及事故类型,事故可控性、严重程度和影响范围,风向和风速等,需确定以下内容:

(1) 可能受影响区域的说明和最短响应时间。

(2) 可能受影响区域单位、社区人员疏散的方式、方法、地点。

(3) 可能受影响区域企业、社区人员基本保护措施和防护方法。

(4) 周边道路隔离或交通疏导方案。

(5) 临时安置场所。

（6）其他。

5.3.4.4　水类污染事故保护目标的应急救援措施说明

根据污染物的性质及事故类型,事故可控性、严重程度和影响范围,河流的流速与流量(或水体的状况)等,需确定以下内容:

（1）可能受影响水体说明。

（2）事故发生后,泄漏至外环境的污染物控制、消减技术方法说明。

（3）需要其他措施的说明[如其他企业(或事业)单位污染物限排、停排,调水,污染水体疏导,自来水厂的应急措施等]。

（4）跨界污染事故应急处置措施说明。

（5）其他。

5.3.4.5　受伤人员现场救护、救治与医院救治

依据事故分类、分级,附近疾病控制与医疗救治机构的设置和处理能力,制订具有可操作性的处置方案,应包括以下内容:

（1）可用的急救资源列表,如急救中心、医院、疾控中心、救护车和急救人员。

（2）应急抢救中心、毒物控制中心的列表。

（3）抢救药品、医疗器械和消毒、解毒药品等的区域内和区域外的供给情况。

（4）根据化学品特性和污染方式,明确伤员的分类。

（5）现场救护基本程序,如何建立现场急救站。

（6）伤员转运及转运中的救治方案。

（7）针对污染物,确定伤员治疗方案。

（8）根据伤员的分类,明确不同类型伤员的医院救治机构。

5.3.5　应急监测

企业(或事业)单位应根据在事故时可能产生污染物种类和性质,配置必要的监测设备、器材和环境监测人员。包括:

（1）明确应急监测方案。

（2）明确污染物现场、实验室应急监测方法和标准。

（3）明确现场监测与实验室监测所采用的仪器、药剂等。

（4）明确可能受影响区域的监测布点和频次。

（5）明确根据监测结果对污染物变化趋势进行分析和对污染扩散范围进行预测的方法，适时调整监测方案。

（6）明确监测人员的安全防护措施。

（7）明确内部、外部应急监测分工。

（8）明确应急监测仪器、防护器材、耗材、试剂等日常管理要求。

5.3.6　现场保护与现场洗消

明确现场保护、清洁净化等工作需要的设备工具和物资，事故后对现场中暴露的工作人员、应急行动人员和受污染设备的清洁净化方法和程序。包括：

（1）明确事故现场的保护措施。

（2）明确现场净化方式、方法。

（3）明确事故现场洗消工作的负责人和专业队伍。

（4）明确洗消后二次污染的防治方案。

5.3.7　应急终止

应急终止应包括：

（1）明确应急终止的条件。

（2）明确应急终止的程序。

（3）明确应急状态终止后，继续进行跟踪环境监测和评估方案。

应急终止后的行动主要包括：

（1）通知本单位相关部门、周边社区及人员事故危险已解除。

（2）维护、保养应急仪器设备。

（3）应急过程评价。

（4）事故原因调查。

（5）环境应急总结报告的编制。

（6）环境污染事故应急预案修订。

（7）事故损失调查与责任认定。

5.3.8　善后处置

善后处置主要指对受灾人员的安置及损失赔偿。组织专家对环境污染事故中长期环境影响进行评估，提出补偿和对遭受污染的生态环境进行恢复的建议。

5.3.9　应急培训和演习

5.3.9.1　培训

依据对企业（或事业）单位员工能力的评估结果和周边工厂企业、社区和村落人员素质分析结果，制订培训计划，应明确以下内容：

（1）应急救援人员的专业培训内容和方法。

（2）本单位员工环境应急基本知识培训的内容和方法。

（3）应急指挥人员、运输司机、监测人员等特别培训内容和方法。

（4）外部公众环境应急基本知识的宣传和培训的内容和方法。

（5）应急培训内容、方式、考核、记录表。

5.3.9.2　演习

应明确企业（或事业）单位环境污染应急预案的演习和训练的内容、范围、频次等。

（1）演习准备。

（2）演习方式、范围与频次。

（3）演习实施过程纪录。

（4）应急演习的评价、总结与追踪。

5.3.10　保障措施

1）通信与信息保障

明确与应急工作相关联的单位或人员的通信联系方式和方法，并提供备用方案。建立信息通信系统及维护方案，确保应急期间信息通畅。

2）应急队伍保障

明确各类应急响应的人力资源，包括专业应急队伍、兼职应急队伍的组织与保障方案。

3）应急物资装备保障

明确应急救援需要使用的应急物资和装备的类型、数量、性能、存放位置、管理责任人及其联系方式等内容。

4）经费保障

明确应急专项经费来源、使用范围、数量和监督管理措施，保障应急状态时应急经费的及时到位。

5）其他保障

根据本单位应急工作需求而确定的其他相关保障措施（如技术保障、交通运输保障、治安保障、医疗保障、后勤保障等）。

参 考 文 献

[1] 菅小东,刘景洋. 汞生产和使用行业最佳环境实践[M]. 北京: 中国环境出版社,2013.

[2] 王书肖,张磊,等. 中国大气汞排放特征、环境影响及控制途径[M]. 北京: 科学出版社,2016.

[3] Hylander L D, Herbert R B. Global emission and production of mercury during the pyrometallurgical extraction of nonferrous sulfide ores [J]. Environmental Science & Technology, 2008, 42 (16): 18 – 22.

[4] Wu Y, Wang S X, Hao J M, et al. Trends in anthropogenic mercury emissions in China from 1995 to 2003 [J]. Environmental Science & Technology, 2006,40(17): 5312 – 5318.

[5] 郑杰,张慧,张兵兵,等. 电石法 PVC 生产过程中汞流向综合查定[J]. 中国氯碱,2012,1(4): 39 – 41.

[6] 路殿坤,畅永锋,等. 一种络合浸出-强化分解从含汞废渣中回收汞的方法[P]. 中国发明专利. ZL 201410247462.3,2016.03.30.

[7] 谢锋,畅永锋,等. 一种堆浸-沉淀稳定化处理含汞废渣的方法[P]. 中国发明专利. ZL 201410246647.2,2016.04.20.

[8] 谢锋,畅永锋,等. 一种以硒化物形式从含汞尾渣中回收汞的方法[P].

中国发明专利. ZL 201410246637. 9,2016. 06. 22.

[9]　方思傑. 汞氙机与汞氙处理系统[P]. 中国实用新型专利. ZL
　　　201720199923. 3,2017. 09. 5.

[10]　张正洁,陈扬,等. 一种从汞氙或汞盐中环保回收汞的方法[P]. 中国发
　　　明专利. ZL 2013 1 0521388. 5,2015. 09. 23.

[11]　张正洁,陈扬,等. 从汞氙或汞盐中环保回收汞的设备及其回收方法
　　　[P]. 中国发明专利. ZL 2014 1 0537537. 1,2016. 08. 24.

[12]　吴清茹. 中国有色金属冶炼行业汞排放特征及减排潜力研究[D]. 北
　　　京:清华大学,2015(6):32 - 33.

[13]　北京师范大学,华中师范大学,南京师范大学无机化学教研室. 无机化
　　　学:下册[M]. 4 版. 北京:高等教育出版社,2010.

[14]　陈大华. 荧光灯的原理、种类、性能及应用[J]. 光源与照明,1999(2):
　　　20 - 25.

[15]　张明金. 对影响荧光灯的因素及改进的探讨[J]. 中国现代教育,2006
　　　(10):70 - 71.

[16]　蒋光明. 废旧气体放电灯的材料回收[J]. 灯与照明,2000,24(4):
　　　27 - 29.

[17]　Min Jang, Seung Mo Hong, Jae K Park. Characterization and
　　　recovery of mercury from spent fluorescent lamps [J]. Waste
　　　Management, 2005,25(1):5 - 14.

[18]　Claudio Raposoa, Claudia Carvalhinho Windmollerb, Walter Alves
　　　Durao Junior. Mercury speciation in fluorescent lamps by thermal
　　　release analysis [J]. Waste Management, 2003(23):879 - 886.

[19]　邱运仁,闫升. 一种回收利用废汞触媒的方法[P]. 中国发明专利. ZL
　　　201410034603. 3,2015. 04. 22.

[20]　方思傑. 汞氙机与汞氙处理系统[P]. 中国实用新型专利. ZL
　　　201720199923. 3,2017. 09. 5.

[21]　付绸琳,何从行,等. 一种从铜铅锌冶炼硫酸系统酸泥中分离硒汞的方

法[P].中国发明专利.ZL 201611122127.6,2017.05.31.

[22] 陈海清,谭令,等.一种铜冶炼烟气生成硫酸所产酸泥中有价元素的提取方法[P].中国发明专利.ZL 201310467218.3,2014.01.22.

[23] 王明,马晶,等.一种从酸泥中回收硒、汞、金和银的方法[P].中国发明专利.ZL 201510259346.8,2017.04.26.

[24] 杨海,李平,仇广乐,等.世界汞矿地区汞污染研究进展[J].地球与环境,2009,37(1):80-85.

[25] 柳纳生.汞及其应用研究[J].陕西师范大学学报(自然科学版),2002(30):218-219.

[26] 高杰.废旧灯管何处去集中处理为上策[N].中国环境报,2002:8-12.

[27] Peng L, Wang Y, Chang C T. Recycling research on spent fluorescent lamps on the basis of extended producer responsibility in China [J]. Journal of the Air & Waste Management Association, 2014,64(11):1299-1308.

[28] 李洪枚.废旧稀土荧光灯资源综合利用技术现状[J].稀土,2008,29(5):97-101.

[29] 刘虹,阮海峰,王永刚,等.我国照明电器行业污染情况分析及对策[J].宏观经济研究,2006(1):21-24.

[30] Rabah M A. Recovery of aluminium, nickel-copper alloys and salts from spent fluorescent lamps [J]. Waste Management, 2004,24(2):119-126.

[31] 王敬贤,郑骥.含汞废荧光灯管处理现状及分析[J].中国环保产业,2010(10):37-41.

[32] 程鹏,周斌.废旧灯管回收处理的法制和设施建设[J].江苏环境科技,2005,18(B12):173-175.

[33] 陈振金,陈春秀,刘用清,等.福建省土壤环境背景值研究[J].环境科学,1992,13(4):70-75.

[34] Tomlinson D L, Wilson J G, Harris C R, et al. Problems in the assessment of heavy-metal levels in estuaries and the formation of a pollution index [J]. Helgoländer Meeresuntersuchungen, 1980, 33 (1): 566.

[35] Hakanson L. An ecological risk index for aquatic pollution control: a sedimentological approach [J]. Water Research, 1980, 14 (8): 975 - 1001.

[36] 马祥庆,侯晓龙. 福建省城市垃圾及其渗滤液的重金属污染[J]. 福建农林大学学报(自然科学版),2007,36(5): 515 - 519.

[37] 邱喜阳,马淞江,史红文,等. 重金属在土壤中的形态分布及其在空心菜中的富集研究[J].湖南科技大学学报(自然科学版),2008(卷期、页码不详).

[38] 方凤满,杨丁,汪琳琳,等.芜湖燃煤电厂周边土壤中砷汞的分布特征研究[J].水土保持学报,2010,24(1): 109 - 113.

[39] 李洪伟,颜事龙,崔龙鹏. 淮南矿区土壤重金属Co, Cr, Ni, Pb 形态初步研究[J].能源环境保护,2012,26(2): 24 - 26.

[40] Ure A M, Quevauviller Ph, Muntau H, et al. Speciation of heavy metals in soils and sediments, an account of the improvement and harmonization of extraction techniques under-taken under the auspices of the BCR of the commission of the European communities [J]. Intern J Environ Anal. Chem. ,1993(51): 135 - 151.

[41] Mason R P, Fitzgerald W F, Morel F M M. The biogeochemical cycling of elemental mercury: anthropogenic influences [J]. Geochimica et Cosmochimica Acta, 1994,58(15): 3191 - 3198.

[42] 李仲根,冯新斌,李平,等.垃圾填埋场大气汞的浓度和形态[J].环境科学研究,2009(4): 450 - 455.

[43] 林才洁,黄建,张兰生.福州市大气汞含量及变化特征分析[J].资源调查与环境,2009,30(2): 139 - 143.

[44] 朱万泽,付学吾,冯新斌,等.青藏高原东南缘贡嘎山地区大气总汞时间序列分析及其影响因子[J].生态学报,2007(9)：(页码不详).

[45] 王玉锁.合肥地区大气汞的形态,浓度及影响因素[D].合肥：中国科学技术大学,2010.

[46] 刘明,陈来国,陶俊,等.广州市大气气态总汞含量季节和日变化特征[J].中国环境科学,2012,32(9)：1554-1558.

[47] United Nations. Annox Ⅲ of Basel Convention. List of hazardous characteristics [S],1989.

[48] European Union. European Environmental Buerau Direction：Annex II to Directive 67/422/EEC, 1975.

[49] European Union. European Environmental Buerau Direction：Directive 2000/532/EEC, 2000.

[50] European Union. European Environmental Buerau Direction：Directive 76/769/EEC, 1976.

[51] U. S. EPA. CFR40 RCRA Subtitle Part C. Waste Determination Procedures [M]. [S. l.]：U. S. A. , 1980.

[52] U. S. EPA. Hazardous Waste Generators. http://www. epa. gov/osw/gen_trans/generate. htm. 2005,7,5/2005,11,30.

[53] U. S. EPA. Hazardous Waste Requirements for Large Quantity Generators/small Quantity Generators/Conditionally Exempt Small Quantity Generators [M]. [S. l.]：U. S. A. , 1996.

[54] 喜田村正次,近藤,雅臣,等.汞[M].北京：中国原子能出版社,1988.

[55] 张刚,王宁,王艺,等.中国金矿开采区环境汞污染[J].环境科学与管理,2012,37(11)：54-60.

[56] 杨海.中国水泥行业大气汞排放特征及控制策略研究[D].北京：清华大学,2014.

[57] 杨祥花.燃煤电站锅炉系统的汞排放分析及其预测[D].南京：东南大学,2006.

［58］孙德刚.燃煤工业锅炉污染物排放特征及节能减排措施研究［D］.北京：清华大学,2010.

［59］陈莹.天然气行业汞污染调查及防治技术研究［D］.北京：华北电力大学,2013.

［60］段振亚,苏海涛,王凤阳,等.重庆市垃圾焚烧厂汞的分布特征与大气汞排放因子研究［J］.环境科学,2016,37(2)：459－465.

［61］张雅慧,张成,王定勇,等.典型钢铁行业汞排放特征及质量平衡［J］.环境科学,2015,36(12)：4366－4373.

［62］Lindqvist O. Special issue of first international on mercury as a global pollutant［J］. Water, Air and Soil Pollution, 1991(56)：136－159.

［63］廖自基.微量元素的环境化学及生物效应［M］.北京：中国环境科学出版社,1992.

［64］Schroeder W H, Munthe J, Lindqvist O. Cycling of mercury between water, air, and soil compartments of the environment［J］. Water Air and Soil Pollution, 1989,48(3－4)：337－347.

［65］程金平,王文华,瞿丽雅,等.贵州汞污染地区大米神经毒性基因水平研究［J］.中国环境科学,2004,24(6)：743－745.

［66］冯新斌,仇广乐,付学吾,等.环境汞污染［J］.北学进展,2003,21(2/3)：436－457.

［67］鲁洪娟,倪吾钟,叶正钱,等.土壤中汞的存在形态及过量汞对生物的不良影响［J］.土壤通报,2007,38(3)：597－600.

［68］滕葳,柳琪,李倩,等.重金属污染对农产品的危害与风险评估［M］.北京：化学工业出版社,2010.

［69］Hontelez J. Zero mercury［R］. UK：European Environmental Bureau, European Public Health Alliance-Environment Network, Health Care Without Harm Europe, Ban Mercury Working Group-Mercury Policy Project, 2005：29.

[70] 白志鹏,王珺,游燕. 环境风险评价[M]. 北京：高等教育出版社,2009.

[71] 于云江,张颖,车飞,等. 环境污染的健康风险评价及应用[J]. 环境与职业医学,2011,28(5)：309-313.

[72] 陈大华. 荧光灯的原理、种类、性能及其应用[J]. 光源与照明,1999(2)：20-25.

[73] 顾竟涛,张晓明,王振华. 灯用三基色荧光粉回顾与发展动向[J]. 中国长三角照明科技论坛论文集,2004.

[74] 解科峰. 废荧光灯无害化、资源化回收处理研究[D]. 武汉：武汉理工大学,2007.

[75] Tunsu C, Retegan T, Ekberg C. Sustainable Processes Development for Re-cycling of Fluorescent Phosphorous Powders-Rare Earths and Mercury Separation: a Literature Report, Chalmers University of Technology, Gothenburg, 2011.

[76] 王涛. 废旧荧光灯的回收利用及处理处置[J]. 中国环保产业,2005(3)：26-28.

[77] 齐伍凯,孙艳辉,南俊民. 废荧光灯的回收处理方法及对策[J]. 环境污染与防治,2009,31(9)：95-98.

[78] 杨水莲,李晓军,冯克玉,等. 我国汞中毒临床研究概况[J]. 中国职业医学,2004,31(6)：50-52.

[79] 梅光军,解科峰,李刚. 废荧光灯无害化、资源化处置研究进展[J]. 中国照明电器,2007(8)：(页码不详).

[80] Binnemans K, Jones P T, Blanpain B, et al. Recycling of rare earths: a critical review [J]. Journal of Cleaner Production, 2013(51):1-22.

[81] 林河成. 我国稀土工业的进展及对策[J]. 有色矿冶,1996,12(4)：10-17.

[82] 龙志奇,王良士,黄小卫,等. 磷矿中微量稀土提取技术研究进展[J].

稀有金属,2009(3)：434-441.

[83] 中国环境监测总站.中国土壤元素背景值[M].北京：中国环境科学
出版社,1990.

[84] 李勇.西安某污染场地土壤重金属污染现状及健康风险评价[D].西
安：西安建筑科技大学,2014.

[85] 索琳娜,刘宝存,赵同科.北京市菜地土壤重金属现状分析与评价[J].
农业工程学报.2016,32(9)：179-186.

后　记

　　本书围绕含汞废物处理处置过程中污染防治的实施需要,在对各种含汞废物处理处置技术进行系统分析和评估的基础上,结合国际发展趋势和要求,提出了可行技术和环境管理要求,对于推进含汞废物处理处置设施建设中技术选择、工程设计、工程施工、设施运营、监督管理等方面工作具有重要的指导意义。

　　含汞废物污染防治可行技术是随着社会的不断进步、含汞废物的管理和处置也将不断地取得进步和发展的必然选择,是多项国际公约对含汞废物管理的共同要求。含汞废物污染防治可行技术应围绕如何更好地实现含汞废物感染控制和污染控制而展开。针对我国含汞废物污染防治可行技术实施提出如下建议:

　　(1)我国应充分结合含汞废物的特性和地方的特点,围绕可行技术和环境实践的要求,选择切实可行的处理处置技术,用于解决区域性的含汞废物管理和处置问题。

　　(2)含汞废物处理处置技术和管理模式的优化要将生命周期管理作为含汞废物管理的基本因素,并将全过程管理理念纳入含汞废物处置技术的应用过程,切实解决含汞废物处置中的感染性控制和污染控制问题,并将其纳入含汞废物管理和处置实践。

　　(3)可行技术实施过程中应重点推进含汞废物处理处置全过程清洁生

产,提高汞回收循环利用率,从而降低和减轻污染物末端治理的压力,提高环境污染防治和管理水平,降低环境风险。

(4) 可行技术实施应与国际公约的规定和要求相衔接。切实融合《巴塞尔公约》、跟踪国际汞公约针对含汞废物管理和处理处置的具体要求,推进我国履约进程和对国际的承诺,并切实贯彻执行我国履约规划所提出的既定目标。